Experiments of Polymer Chemistry

高分子化学
实验教程

靳艳巧　温　娜　谢琼琳　编著

化学工业出版社

·北京·

内容简介

《高分子化学实验教程》共分为高分子化学实验基础、高分子合成化学实验、高分子化学反应实验和综合性高分子化学实验四个部分，编写时力求内容精选、简明适用，包括常见的高分子合成和反应实验项目，以及创新性的综合性实验项目，共36个实验项目。全书主要内容涉及链式聚合、逐步聚合、开环聚合、高分子化学反应等专业知识，以及高分子化学实验室基本常识、基本操作、安全与防护等，附录中还列出了部分测试仪器的使用方法。

本书可作为高分子材料与工程专业以及相关学科的实验教材和教学参考书，也可作为从事高分子材料生产的技术人员以及其他涉及高分子领域的研究人员和工程技术人员的参考用书。

图书在版编目（CIP）数据

高分子化学实验教程/靳艳巧，温娜，谢琼琳编著．—北京：化学工业出版社，2024.2
ISBN 978-7-122-44561-2

Ⅰ.①高…　Ⅱ.①靳…②温…③谢…　Ⅲ.①高分子化学-化学实验-教材　Ⅳ.①O631.6

中国国家版本馆 CIP 数据核字（2023）第 236394 号

责任编辑：朱　彤　　　文字编辑：刘　璐
责任校对：李雨晴　　　装帧设计：刘丽华

出版发行：化学工业出版社
　　　　　（北京市东城区青年湖南街 13 号　邮政编码 100011）
印　　装：北京科印技术咨询服务有限公司数码印刷分部
787mm×1092mm　1/16　印张 8½　字数 202 千字
2024 年 7 月北京第 1 版第 1 次印刷

购书咨询：010-64518888　　售后服务：010-64518899
网　　址：http://www.cip.com.cn
凡购买本书，如有缺损质量问题，本社销售中心负责调换。

定　　价：49.00 元　　　　　版权所有　违者必究

前言

现代高分子材料涉及的领域日益广泛，与高分子化学有关的实验技术和技能的培养，对于提高学生的综合素质以及培养学生的创新意识、创新精神和实践能力，有着不可替代的作用，也是与高分子材料与工程专业有关的在校师生和科研人员不可缺少的重要组成部分和实践教学环节。

本书编写的主要目的是帮助读者掌握高分子合成和反应的一些具体实施方法及其控制因素，掌握聚合实验装置的搭建和操作，培养读者的实验技术和技能；实验的后面部分列出了思考题，让读者带着问题完成实验，利于实验过程中进行深入思考。通过对本书的学习，读者可以加深对高分子化学实验课程知识点的理解，对逐步聚合、自由基聚合、聚合物的化学反应等主要反应机理，以及本体聚合、溶液聚合、悬浮聚合、乳液聚合等主要聚合方法有更直观和更深入的理解，以加强高分子化学综合实验设计及创新能力的培养。

本书内容涵盖高分子化学实验基础、高分子合成化学实验、高分子反应化学实验、综合性高分子化学实验等内容，主要包括高分子合成和反应实验项目，以及一些具有创新性的综合性实验项目。全书内容还包括与高分子化学实验有关的基本常识、基本操作、安全规范等，如实验室安全、常用实验仪器的使用、试剂的存放、"三废"处理等高分子化学实验方面的基本技能和安全防护等知识与要求。另外，本书的附录列出了黏度杯使用说明书与数显黏度计使用参考资料，方便广大读者在学习和工作中进行查阅。

全书力求覆盖面宽、内容精选、简明适用，希望读者能通过本书培养自身严谨的科学态度、科学的思维方法和实际动手能力，为以后的科学研究和工作实践打下坚实的基础。本书可作为高分子材料与工程专业各类学生的教材及教师的教学参考书，也可作为从事高分子材料生产的技术人员以及其他涉及高分子领域的研究人员和工程技术人员的参考用书。

本书由福州大学材料科学与工程学院靳艳巧、温娜、谢琼琳共同编写。其中，第一章、第三章主要由靳艳巧、温娜编写，第二章、第四章和附录主要由靳艳巧、谢琼琳编写。全书由靳艳巧负责统稿。本书在编写过程中得到作者所在单位的大力支持，特此感谢。

由于编者时间和水平有限，书中疏漏之处在所难免，敬请广大读者批评、指正。

编者
2024 年 1 月

目录

第一章

高分子化学实验基础

第一节　基本常识

一、实验室的安全

　　一项高分子化学实验的圆满完成，不仅需要顺利地获得预期产物并对其结构进行充分表征，而且还应避免事故的发生。在高分子化学实验中，经常会使用易燃溶剂，如苯、丙酮、乙醇和各类烷烃；易燃和易爆的试剂，如碱金属、金属有机化合物和过氧化物；有毒的试剂，如硝基苯、甲醇和多卤代烃；有腐蚀性的试剂，如浓硫酸、浓硝酸及氢氧化钠等。若化学试剂使用不当，则可能引起着火、爆炸、中毒和烧伤等事故。玻璃仪器和电气设备的使用不当也会引发事故。以下为高分子化学实验中常常遇到的几类安全事故。

1. 火警和火灾

　　高分子化学实验常常遇到许多易燃有机溶剂，有时还会使用碱金属和金属有机化合物，操作不当就可能引发火警和火灾。实验室出现火警或火灾的常见原因如下：

　　① 使用明火（如电炉、煤气）直接加热有机溶剂进行重结晶或溶液浓缩操作，而且不使用冷凝装置，导致溶剂溅出和大量挥发；

　　② 在使用挥发性易燃溶剂时，同伴正在使用明火；

　　③ 随意抛弃易燃、易氧化化学品，如将回流干燥溶剂的钠连同残余溶剂倒入水池；

　　④ 电气设备质量存在问题，长时间通电使用引起过热着火。

　　因此，应尽可能使用水浴、油浴或电热套进行加热操作，避免使用明火；长时间加热溶剂时，应使用冷凝装置；浓缩有机溶液时，不得在敞口容器中进行；使用旋转蒸发仪等装置时，应避免溶剂挥发并四处扩散。必须使用明火时（如进行封管和玻璃加工），应使明火远离易燃有机溶剂和药品。应按常规处理废弃溶剂和药品，经常检查电气设备是否正常工作，并及时更换和修理。要熟悉安全用具（灭火器、石棉布等）的放置地点和使用方法，并妥善保管，不要挪作他用。

防火对于化学实验室是非常重要的。实验的正确操作可以避免火灾的发生。要学会使用灭火器并及时更换到期的灭火器，了解灭火器的灭火种类和使用方法。一般实验室常用干粉灭火器、二氧化碳灭火器，仪器分析实验室常用 1211 灭火器。

要熟悉实验室的布局和逃生路线，了解发生火灾的紧急处理方法。实验室一旦发生着火事故，首先不要惊慌，应保持沉着冷静，先移开附近的易燃物，切断电源，视情况做相应处理。

① 容器中溶剂或油浴内导热油发生燃烧：移去或关闭明火，若火势较小，可立即用石棉网盖住瓶口，隔氧熄火。

② 溶剂溅出并燃烧：移去或关闭明火，尽快移去附近的其他溶剂，使用石棉布或黄砂盖于火焰上或者使用二氧化碳灭火器。

③ 碱金属引起的着火：移去附近溶剂，使用石棉布覆盖。极少量活泼金属起火可以使用干黄砂灭火。

④ 实验室中可扑救的火势，一般不用水灭火，应用灭火器在一定的安全距离内向中间喷射；若发生无法自救的火势时，要立即逃生到安全处并拨打火警电话 119。

⑤ 衣服着火切勿惊慌，不要奔跑，应用湿布盖住着火处；或直接用水冲灭，严重的情况要立即躺在地上打滚熄火。

⑥ 逃生过程中，不要贪恋财物，烟雾较大时应用湿布捂住口鼻，贴地爬行；不能乘坐电梯，不能轻易从高层跳下；及时呼救并采取一切必要措施以保全生命。

2. 爆炸

进行放热反应实验时，有时会因反应失控而导致玻璃反应器炸裂，导致实验人员受到伤害；在进行减压操作时，玻璃仪器由于存在瑕疵也会发生炸裂。在这种情况下，应特别注意对眼睛的保护，防护眼镜等保护眼睛的用品应成为实验室的必备品。高分子化学实验中所用到的易爆物有偶氮类引发剂和有机过氧化物，在进行纯化时，应避免高浓度、高温操作，尽可能在防护玻璃后进行操作。进行真空减压实验时，应仔细检查玻璃仪器是否存在缺陷，必要时在装置和人员之间放置保护屏。有些有机化合物遇氧化剂会发生猛烈爆炸或燃烧，操作时应特别小心。卤代烃和碱金属应分开存放，以免二者接触而发生反应。

3. 中毒

过多吸入有机溶剂会使人产生诸多不适，有些毒害性物质如苯胺、硝基苯和苯酚等可很快通过皮肤和呼吸道被人体吸收，造成人体伤害。实验操作时不注意保护，常会使手部黏附毒害性物质，若清洗时疏忽大意，则可能导致毒物经口腔而进入人体。因此，在使用有毒试剂时，应认真操作，妥善保管残留物，不得乱扔，必须做到有效处理。在接触有毒和腐蚀性试剂时，必须戴橡胶等材质的防护手套，操作完毕后立即洗手，切勿让有毒试剂接触五官和伤口。在进行会产生有毒气体和腐蚀性气体反应的实验时，应在通风橱中操作，并尽可能在排入大气之前做适当处理，使用过的器具应及时清洗。在实验室内不得饮食，应养成工作完毕、离开实验室之前洗手的习惯。若皮肤上溅有毒害性物质，应根据其性质，采取适当方法进行清洗。

① 皮肤接触。如遇有毒化学试剂接触皮肤，要立即用大量清水冲洗；酸碱灼伤时可分别用质量分数低于5%的碳酸氢钠（酸灼伤）或2%乙酸（碱灼伤）清洗。若接触硝基化合物、含磷有机物等，应先用酒精（乙醇）擦洗，再用清水冲洗。

② 吸入气体中毒。立即转移到通风处或室外，解开衣领，必要时应进行人工呼吸并送医院急救。吸入少量溴、氯、氯化氢气体时，可先用碳酸氢钠溶液漱口。

③ 毒物入口。若遇毒物溅入口中，应立即吐出并用大量水清洗口腔。若已吞下，可立即催吐。吞下重金属类毒物时还可马上服用大量鸡蛋清、牛奶，并到医院做进一步治疗。若吞下强酸、强碱类化合物，则不可催吐，而要立即大量饮水，再服用一些可中和酸碱的食品。

4. 意外伤害

除玻璃仪器破裂会造成意外伤害外，将玻璃棒（管）或温度计插入橡皮塞或将橡皮管（橡胶管）套入冷凝管或三通时，若用力不当也会引起玻璃的断裂，造成事故。因此，在进行操作时，应检查橡皮塞和橡皮管的孔径是否合适，并将玻璃切口熔光，涂少许润滑剂后再缓缓旋转而入，切勿用力过猛。如果造成机械伤害，应取出伤口中的玻璃或固体物，小伤口用水清洗后涂上碘伏，用绷带扎住伤口或贴上创可贴；大伤口则应先扎住主血管以防大量出血，稍加处理后立即就医。发生化学试剂腐蚀皮肤和眼睛的事故时，应根据试剂的类型，在用大量水冲洗后，再用弱酸或弱碱溶液洗涤。为了处理意外事故，实验室应备有灭火器、石棉布、干黄砂和急救箱等。同时，需要严格遵守实验室安全规则，养成良好的实验习惯，在从事不熟悉和危险的实验时更应该小心谨慎，防止因操作不当而造成实验事故。

5. 其他

若化学试剂溅入眼中，应立即用大量水清洗，有条件的可立即用洗眼器进行清洗。清洗后仍觉不适，要马上到医院做进一步治疗。

若不小心触电，应立即关闭电源，用不导电物使触电者脱离带电体，对触电者进行人工呼吸并立即送医院抢救。

二、试剂的存放和废弃试剂的处理

1. 化学试剂的保管

实验室所用试剂，不得随意散失、遗弃。有些有机化合物遇氧化剂会发生猛烈爆炸或燃烧，操作时应特别小心。卤代烃遇到碱金属时，会发生剧烈反应，伴随大量热产生，也会引起爆炸。因此，化学试剂应根据它们的化学性质分门别类，妥善存放在适当场所。如烯类单体和自由基引发剂应保存在阴凉处（如冰箱），光敏引发剂和其他光敏物质应保存在避光处；强还原剂和强氧化剂、卤代烃和碱金属应分开放置，离子型引发剂和其他吸水易分解的试剂应密封保存（充氮的干燥器），易燃溶剂的放置场所应远离热源。

2. "三废"的处理

在化学实验中经常会产生有毒的废气、废液和废渣，若随意丢弃不仅污染环境，危害健康，还可能造成浪费。正确处理"三废"是每个人都应该具备的环保意识和素质。

① 有毒废气的处理。在实验中如果产生有毒气体，应在通风橱内进行操作，并加装气体接收装置。如产生二氧化碳等酸性气体，可通入氢氧化钠水溶液吸收；碱性气体用酸溶液吸收。还要注意一些有害的化合物由于沸点低，反应中来不及冷却而以气态排出，应将其通入吸收装置，还可加装冷阱。

② 一般的废液或废溶剂要分类倒入回收瓶中，废酸废碱要分开放置。有机废液分为含卤素有机废液和不含卤素有机废液，应由专业回收有机废液的单位进行处理。

③ 无机重金属化合物严禁随意丢弃，应进一步处理成废液并交由专业回收单位处理。含镉、铅废液加入碱性试剂使其转化为氢氧化物沉淀；含六价铬化合物要先加入还原剂还原为三价铬，再加入碱性试剂使其沉淀；含氰化物废液可加入硫酸亚铁使其沉淀；含少量汞、砷的废液可加入硫化钠使其沉淀。

④ 千万不能将反应剩余的活泼金属倒入水池，以免引起火灾。废金属也不可随便掩埋，可向有废金属的烧瓶中缓慢滴加乙醇，直到金属反应完毕。此期间产生的废液仍应作为有机废液进行处理。

⑤ 无毒的聚合物尽量回收，直接丢弃会由于难以降解而造成白色污染；有一定流动性的聚合物切记不能直接倒入下水道，以免堵塞；实验合成的聚合物需留存的要标明成分，不需留存的应及时处理。

⑥ 切记不可将乳液倒入下水道。无论是小分子乳液还是聚合物乳液都可能会污染水质或堵塞下水管道。正确的处理方法是将乳液破乳后分离出有机物再进一步处理。

三、常用实验仪器

化学反应的进行、溶液的配制、物质的纯化以及许多分析测试都是在玻璃仪器中进行的，另外还需要一些辅助设施，如金属器具和电学仪器等。

1. 玻璃仪器

玻璃仪器按接口的不同可以分为普通玻璃仪器和磨口玻璃仪器。普通玻璃仪器之间的连接是通过橡皮塞进行的，需要在橡皮塞上打出适当大小的孔，有时孔道不直和橡皮塞不配套，会给实验装置的安装带来许多不便。磨口玻璃仪器的接口已实现标准化，分为内磨接口和外磨接口；烧瓶的接口基本是内磨口，而回流冷凝管的下端为外磨口。为了方便接口大小不同的玻璃仪器之间的连接，还有多种换口（磨口转换头）可以选择。常用标准玻璃磨口有10号、12号、14号、19号、24号、29号和34号等规格，其中24号磨口大小与4号橡皮塞相当。

使用磨口玻璃仪器，由于接口处已经被细致打磨和有聚合物溶液的渗入，所以内、外磨口有时会发生黏结，难以分开不同的组件。为了防止出现这种麻烦，仪器使用完毕后应立即将装置拆开；较长时间使用，可以在磨口上涂少量润滑脂，但是要避免污染反应物。润滑脂的用量越少越好。实验结束后，用吸水纸或脱脂棉蘸少量丙酮擦拭接口，然后再将容器中的液体倒出。

大部分高分子化学反应是在搅拌、回流和通称惰性气体的条件下进行的，有时还需进行温度控制（使用温度计和控温设备）、加入液体反应物（使用滴液漏斗）和反应过程监测

（添加取样装置），因此反应最好在多口反应瓶中进行。图 1-1 为几种常见的磨口反应烧瓶。高分子化学实验中多用三口和四口烧瓶，容量大小根据反应液的体积决定，烧瓶的容量一般为反应液总体积的 1.5～3 倍。

单口烧瓶　　　　两口烧瓶　　　　三口烧瓶

图 1-1　常见的磨口反应烧瓶

可拆卸的反应釜用于聚合反应，可以很方便地清除黏附在壁上的坚韧聚合物或者高黏度的聚合物凝胶，尤其适用于缩合聚合反应，如聚酯和不饱和树脂的合成。可拆卸反应釜如图 1-2 所示。为了保持高真空条件，可在两部分之间加密封垫，并用旋夹拧紧。

进行聚合反应动力学研究时，特别是对于本体自由基反应，膨胀计是非常合适的反应器，如图 1-3 所示。它是由反应容器和标有刻度的毛细管组成，好的膨胀计应具有操作方便、不易泄漏和易于清洗的特点。通过标定，膨胀计可以直接测定聚合反应过程中体系的体积收缩，从而获得反应动力学方面的数据。

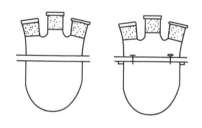

图 1-2　可拆卸反应釜

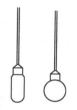

图 1-3　膨胀计

一些聚合反应需要在隔绝空气的条件下进行，使用聚合管或封管比较方便，如图 1-4 所示。

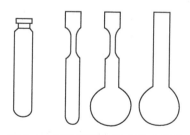

图 1-4　带橡皮塞的聚合管和封管

封管宜选用硬质、壁厚均一的玻璃管制作，下部为球形，可以盛放较多的样品，并有利于搅拌；上部应拉出细颈，以利于烧结密闭。封管适用于高温、高压下的聚合反应。带翻口橡皮塞的聚合管，适用于温和条件下的聚合反应，单体、引发剂和溶剂可以通过干燥的注射器加入。

除了上述反应器以外，高分子化学实验经常用到蒸馏头、接液管、冷凝管和漏斗等玻璃仪器（图1-5），在"有机化学实验"中已经接触到这些仪器，在此不多加叙述。在进行离子型聚合反应时，对实验条件的要求很高，往往根据需要设计和制作特殊的玻璃反应装置。

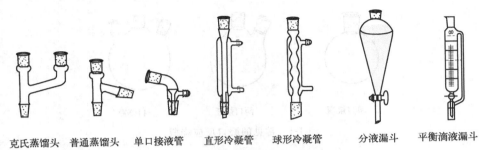

克氏蒸馏头　普通蒸馏头　单口接液管　直形冷凝管　球形冷凝管　　分液漏斗　平衡滴液漏斗

图 1-5　高分子化学实验常用玻璃仪器

2. 辅助器件

进行高分子化学实验时，需要用铁架台和铁夹等金属器具将玻璃仪器固定并适当连接，实验过程中经常需要进行加热、温度控制和搅拌，应选择合适的加热、控温和搅拌设备。液体单体的精制往往需要在真空状态下进行，需要使用不同类型的减压设备，如真空油泵和水泵。许多聚合反应在无氧的条件下进行，需要氮气钢瓶和管道等通气设施。

3. 玻璃仪器的清洗和干燥

玻璃仪器的清洗和干燥是避免引入杂质的关键。清洗玻璃仪器最常用的方法是使用毛刷和清洁剂，清除玻璃表面的污物，然后用水反复冲洗，直至器壁不挂水珠，烘干后可供一般实验使用。盛放聚合物的容器往往难以清洗，搁置时间过长则清洗更加困难，因而要养成实验完毕立即清洗的习惯。除去容器中残留聚合物的最常用方法是使用少量溶剂来清洗，最好使用回收的溶剂或废溶剂。带酯键的聚合物（如聚酯、聚甲基丙烯酸甲酯）和环氧树脂残留于容器中时，将容器浸泡于乙醇-氢氧化钠洗液之中，可起到很好的清除效果。含少量交联聚合物固体而不易清洗的容器，如膨胀计和容量瓶，可用铬酸洗液来洗涤，热的洗液效果会更好，但是要注意安全。总之，应根据残留物的性质，选择适当的方法使其溶解或分解而达到除去的效果。离子型聚合反应所使用的反应器要求更加严格，清洗时应避免杂质的引入。

洗净后的仪器可以晾干或烘干，干燥仪器有烘箱和气流干燥器。临时急用时，可以加入少量乙醇或丙酮冲刷水洗过的器皿加速烘干过程，电吹风更能加快烘干过程。对于离子型聚合反应，实验装置须绝对干燥，往往仪器安装完毕后，于高真空下加热除去玻璃仪器中的水蒸气。

第二节　高分子化学实验的基本操作

进行高分子化学实验时，首先应根据反应的类型和试剂用量选择合适类型和大小的反应器，根据反应的要求选择其他玻璃仪器，并使用辅助器具安装实验装置，将不同仪器良好、稳固地连接起来。高分子化学实验常常在加热、搅拌和通惰性气体的条件下进行，单体和溶剂的精制离不开蒸馏操作，有时还需要减压条件。以下介绍高分子化学实验的基本实验操作。

一、聚合反应的温度控制

　　温度对聚合反应的影响，除了和有机化学实验一样表现在聚合反应速率和产物收率方面以外，还表现在聚合物的分子量及其分布上，因此准确控制聚合反应的温度十分必要。室温以上的聚合反应可使用电热套、加热圈和加热块等加热装置，对于室温以下的聚合反应，可使用低温浴或采用适当的冷却剂冷却。如果需要准确控制聚合反应的温度，超级恒温水槽则是首选。

1. 加热方式

　　（1）水浴加热。当实验需要的温度在 80℃ 以下时，使用水浴对反应体系进行加热和温度控制最为合适，水浴加热具有方便、清洁和安全等优点。加热时，将容器浸于水浴中，利用加热圈来加热水介质，间接加热反应体系。加热圈是由电阻丝贯穿于硬质玻璃管中，并根据浴槽的形状加工制成；也可使用金属管材。长时间使用水浴，会因水分的大量蒸发而导致水的散失，需要及时补充；过夜反应时可在水面上盖一层液体石蜡。简便的水浴加热装置如图 1-6 所示。

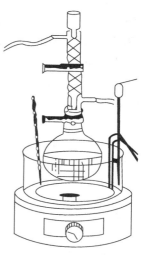

图 1-6　水浴（油浴）加热示意图

　　对于温度控制要求高的实验，可以直接使用超级恒温水槽，还可通过它对外输送恒温水达到所需温度，其温度精度可控制在 0.5℃ 范围内。由于水管等的热量散失，反应器的温度低于超级恒温水槽的设定温度时，需要进行校正。

　　（2）油浴加热。水浴不适用于温度较高的场合，此时需要使用不同的油作为加热介质，采用加热圈等浸入式加热器间接加热。油浴不存在加热介质的挥发问题，但是玻璃仪器的清洗稍有困难，操作不当还会污染实验台面及其他设施。使用油浴加热，还需要注意加热介质的热稳定性和可燃性，加热温度不能超过其最高使用温度。表 1-1 列举了一些常用加热介质的性质。

表 1-1　常用加热介质的性质

加热介质	沸点或最高使用温度	评述
水	100℃	洁净、透明，易挥发
甘油	140～150℃	洁净、透明，难挥发
植物油	170～180℃	难清洗，难挥发，高温有油烟
硅油	250℃	耐高温，透明，价格高
泵油	250℃	回收泵油多含杂质，不透明

　　（3）电加热套。电加热套是一种外热式加热器，电热元件封闭于玻璃等绝缘层内，并制成内凹的半球状，非常适用于圆底烧瓶的加热，外部为铝质的外壳，如图 1-7 所示。

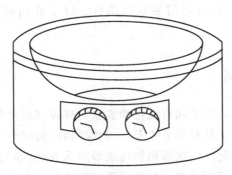

图 1-7　电加热套示意图

电加热套的电热元件可直接与电源相通，也可以通过调压器等调压装置连接于电源，最高使用温度可达 450℃。大多数电加热套具备调节加热功率的功能，简易的电加热套没有功率调节元件，使用时需连接在较大功率调压器或继电器等调压装置上，才能实现温度控制。有些电加热套，将加热和电磁搅拌功能融为一体，使用更加方便。电加热套具有安全、方便和不易损坏玻璃仪器的特点。由于玻璃仪器与电加热套紧密接触，其保温性能好。根据烧瓶的大小，可以选用不同规格的电加热套。

（4）加热块。加热块通常为铝质的块材，按照需要加工出圆柱孔或内凹半球洞，分别适用于聚合管和圆底烧瓶的加热。加热元件外缠于铝块或置于铝块中，并与控温元件相连接。为了能准确控制温度，需要进行温度的校正。某些需要在高温下进行的封管聚合，存在爆裂的隐患，使用加热块较为安全。

2. 冷却

离子聚合往往需要在低于室温的条件下进行，因此冷却是离子聚合常常采取的实验操作。例如，甲基丙烯酸甲酯阴离子聚合中，为了避免副反应的发生，聚合温度通常在 $-60℃$ 以下。环氧乙烷的阴离子聚合反应也需在低温下进行，以减少低聚体的生成，并提高聚合物收率。

若反应温度需要控制在 0℃ 附近，多采用冰水混合物作为冷却介质。若要使反应体系温度保持在 0℃ 以下，则采用碎冰和无机盐的混合物作为制冷剂；如要维持在更低的温度，则必须使用更为有效的制冷剂（干冰和液氮）。如将干冰和乙醇、乙醚等混合，温度可降至 $-70℃$，通常使用温度在 $-50\sim-40℃$ 范围内。液氮与某些有机溶剂，如乙醇、丙酮混合使用，冷却温度可稳定在有机溶剂的凝固点附近。表 1-2 列出了不同制冷剂的配制方法和使用温度范围。配制冰盐冷浴时，应使用碎冰和颗粒状盐，并按比例混合。干冰和液氮作为制冷剂时，应置于浅口保温瓶等隔热容器中，以防止制冷剂过度损耗。

表 1-2　不同制冷剂的配制方法和使用温度范围

制冷剂	冷却最低温度
冰-水混合物	0℃
冰 100 份＋氯化钠 33 份	$-21℃$
冰 100 份＋氯化钙(含结晶水)100 份	$-31℃$
冰 100 份＋碳酸钾 33 份	$-46℃$
干冰＋有机溶剂	高于有机溶剂的凝固点
液氮＋有机溶剂	接近有机溶剂的凝固点

超级恒温槽可以提供低温环境，并能准确控制温度，也可以通过恒温槽输送冷却液来控制反应温度。

3. 温度的测定和调节

酒精温度计和水银温度计是最常用的测温仪器，它们的量程受其凝固点和沸点的限制。前者可在－60～100℃范围内使用，后者可测定的最低温度为－38℃，最高使用温度在300℃左右。低温的测定可使用以有机溶剂制成的温度计，甲苯温度计可测定的最低温度可达－90℃，正戊烷为－130℃。为方便观察，在溶剂中加入少量有机染料，这种温度计由于有机溶剂传热较差和黏度较大，需要较长的平衡时间。

控温仪兼有测温和控温两种功能，但是所测温度往往不准确，需要用温度计进行校正。较为简单的控制温度的方法是调节电加热元件的输入功率，使加热和热量散失达到平衡，但是该方法不够准确，而且不够安全。使用温度控制器如控温仪和触点温度计能够非常有效和准确地控制反应温度。控温仪的温敏探头置于加热介质中，其产生的电信号输入控温仪中，并与所设置的温度信号相比较。电加热元件通过与控温仪串联而连接到电源上，电加热元件、控温仪和调压器的连接方式如图1-8所示。当加热介质未达到设定温度时，控温仪的继电器处于闭合状态，电加热元件继续通电加热；加热介质的温度高于设定温度时，继电器断开，电加热元件不再工作。触点温度计需与一台继电器连用，工作原理同上，皆是利用继电器控制电加热元件的工作状态达到控制和调节温度的目的。

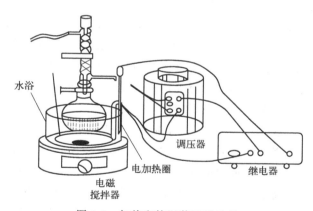

图 1-8　加热和控温装置的连接

要获得良好的恒温系统，除了使用控温设备外，选择适当的电加热元件功率、电加热介质和调节体系的散热情况也是必要的。

二、搅拌

高分子化学实验中经常接触到的化学物质是高分子化合物。高分子化合物具有高黏度特性，无论是溶液状态还是熔体状态，如果要保持高分子化学实验过程中混合和反应的均匀性，则搅拌显得尤为重要。搅拌不仅可以使反应组分混合均匀，还有利于体系的散热，避免发生局部过热而爆聚，搅拌方式通常为磁力搅拌和机械搅拌。

1. 磁力搅拌器

磁力搅拌器中的小型发动机带动一块磁铁转动，将一颗磁子放入容器中，磁场的变化使磁子发生转动，从而起到搅拌效果。磁子内含磁铁，外部包裹着聚四氟乙烯，防止磁铁被腐蚀、氧化和污染反应溶液。磁子的外形有棒状、锥形和椭球状，如图1-9所示。前者仅适用于平底容器，后两种可用于圆底反应器。

棒状　　　　锥形　　　椭球状

图 1-9　不同的磁子

根据容器的大小，选择合适的磁子，并通过调节磁力搅拌器的搅拌速度来控制反应体系的搅拌情况。磁力搅拌器适用于黏度较小或量较少的反应体系。

2. 机械搅拌器

当反应体系的黏度较大时，如进行自由基本体聚合和熔融缩聚反应时，磁力搅拌器不能带动磁子转动。反应体系量较多时，磁子无法使整个体系充分混合均匀，在这些情况下需要使用机械搅拌器。当进行乳液聚合和悬浮聚合操作时，需要强力搅拌使单体分散成微小液滴，这也离不开机械搅拌器。

机械搅拌器由电动机、搅拌棒和控制部分组成，示意如图 1-10 所示。锚形搅拌棒[图 1-10(a)]具有良好的搅拌效果，但是往往不适用于烧瓶中的反应；活动叶片式搅拌棒[图 1-10(c)～(d)]可方便地放入反应瓶中，搅拌时由于离心作用，叶片自动处于水平状态，提高了搅拌效率。蛇形[图 1-10(b)]和锚形搅拌棒受到反应瓶瓶口大小的限制。搅拌棒通常用玻璃制成，但是易折断和损坏；不锈钢材质的搅拌棒不易受损，但是不适用于强酸、强碱环境，因此外层包覆聚四氟乙烯的金属搅拌棒越来越受到欢迎。

为了使搅拌棒能平稳转动，需要在反应器接口处装配适当的搅拌导管，它同时起到密封作用。由橡皮塞制成的导管[图 1-10(e)]和标准磨口制成的导管[图 1-10(f)]可用于密封条件要求不高的场合，使用时将一小段恰好与搅拌棒紧配的橡皮管套在导管或玻璃管和搅拌棒上。若需要在高真空条件下进行搅拌操作，就需要精密磨砂的搅拌导管。可将普通注射器截去上、下部分，剩下的针筒部分套入橡皮塞中，推管部分套入搅拌棒，并用橡皮管套住。使用时，在磨砂部分滴加少量润滑剂，可起到良好的转动和密封效果，如图 1-10(g) 所示。用聚四氟乙烯制成的搅拌导管[图 1-10(h)]由两部分组成，A 的外径正好与反应器瓶口配合，内孔孔径稍大于搅拌棒外径，上半截还有内螺纹；B 为中空的外螺丝状部件；使用时，将适当的橡皮垫圈置于 A 的大孔中，装配好搅拌棒，将两个部分旋紧即可。

机械搅拌器一般有调速装置，有的还有转速指示，但是真实的转速往往由于电压的不稳定而难以确定。这时可用市售的光电转速计来测定，只需将一小块反光铝箔贴在搅拌棒上，将光电转速计的测量夹具置于铝箔平行位置，直接从转速计显示屏上读数即可。

安装搅拌器时，首先要保证电机的转轴与水平垂直，再将配好导管的搅拌棒置于转轴下端的搅拌棒夹具中，拧紧夹具的旋钮。调节反应器的位置，使搅拌棒与瓶口垂直，并处在瓶口中心，再将搅拌导管套入瓶口中。将搅拌器开到低挡，根据搅拌情况，小心调节反应装置位置至搅拌棒平稳转动，然后才可装配其他玻璃仪器，如冷凝管和温度计等。装入温度计和

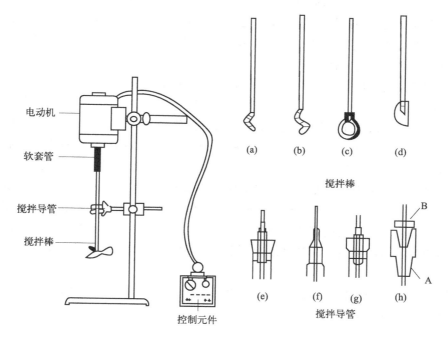

图 1-10　机械搅拌装置、搅拌棒和搅拌导管示意

氮气导管时，应该关闭搅拌，仔细观察温度计和氮气导管是否与搅拌棒有接触，再调节它们的高度。

三、蒸馏

高分子化学实验中经常会用到蒸馏的场合是单体的精制、溶剂的纯化和干燥以及聚合物溶液的浓缩，根据待蒸馏物的沸点和实验的需要可使用不同的蒸馏方法。

1. 简单蒸馏

在有机化学实验中，我们已经接触到简单蒸馏，它适合沸点不高且加热不会发生化学反应的化合物。蒸馏装置主要由烧瓶、蒸馏头、温度计、冷凝管、接液管和收集瓶组成。为了防止液体暴沸，需要加入少量沸石，磁力搅拌也可以起到相同效果。在进行烯烃单体的纯化时，为避免单体的热聚合，应尽量不采取简单蒸馏，即便其沸点较低。

2. 减压蒸馏

实验室常用的烯类单体沸点比较高，如苯乙烯为 $145℃$、甲基丙烯酸甲酯为 $100.5℃$、丙烯酸丁酯为 $145℃$。这些单体在较高温度下容易发生热聚合，因此不宜进行常规或简单蒸馏。高沸点溶剂的常压蒸馏也很困难，降低压力会使溶剂的沸点下降，可以在较低的温度下得到溶剂的馏分。在缩聚反应过程中，为了提高反应程度、加快聚合反应进行，需要将反应产生的小分子产物从反应体系中脱除，这也需要在减压下进行操作。待蒸馏物的沸点不同，减压蒸馏所需的真空度也各异。真空的获得是通过真空泵来实现的。

（1）真空泵。真空泵根据工作介质的不同可分为两大类：水泵和真空油泵。

① 水泵。水泵所能达到的最高真空度除与泵本身的结构有关外，还取决于水温（此时水蒸气压为水泵所能达到的最低压力），一般可以获得 1~2kPa 的真空，例如 30℃时可达到 4.2kPa，10℃时可提升至 1.5kPa，适用于苯乙烯、甲基丙烯酸甲酯和丙烯酸丁酯的减压蒸馏。水泵结构简单，使用方便，维护容易，一般不需要保护装置。为了维持水泵良好的工作状态和延长它的使用寿命，最好每使用一次就更换水箱中的水。

② 真空油泵。真空油泵是一种比较精密的设备，它的工作介质是特制的高沸点、低挥发的泵油，它的效能取决于油泵的机械结构和泵油的质量。固体杂质和腐蚀性气体进入泵体都可能损伤泵的内部、降低真空泵内部构件的密合性，低沸点的液体与真空泵油混合后，使工作介质的蒸气压升高，从而降低了真空泵的最高真空度。因此真空油泵使用时需要净化、干燥等，以除去进入泵中低沸点溶剂、酸碱性气体和固体微粒。首次使用三相电机驱动的油泵，应检查电机的转动方向是否正确，及时更换电线的相位，避免因反转而导致喷油，然后加入适当量的泵油。除了上述保护措施外，还应该定期更换泵油，必要时使用石油醚清洗泵体，晾干后再加入新的泵油。油泵可以达到很高的真空度，适用于高沸点液体的蒸馏和特殊的聚合反应。

（2）减压蒸馏系统。减压蒸馏系统和保护系统（图 1-11）是由蒸馏装置、真空泵和保护检测装置三个部分组成。

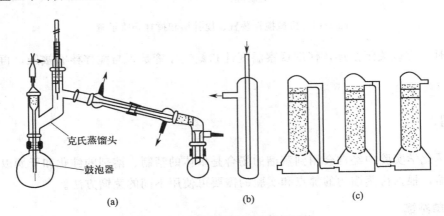

图 1-11　减压蒸馏装置和保护系统

① 蒸馏装置[图 1-11(a)]在大多数情况下使用克氏蒸馏头，直口处插入一个毛细管鼓泡装置，也可以使用普通蒸馏头而用多口瓶，毛细管由支口插入液面以下。鼓泡装置可以提供沸腾的气化中心，防止液体暴沸。对于阴离子聚合等使用的单体，要求绝对无水，因此不能使用鼓泡装置。变通的方法是加入沸石和提高磁力搅拌速度，减压时应该缓慢提高体系的真空度，达到要求后再进行加热。减压蒸馏使用带抽气口和防护滴管的接液管，可以防止液体直接泄漏到真空泵中。

② 真空泵是减压蒸馏的核心部分，应根据待蒸馏化合物的沸点和化合物的用途，选用适当的真空泵。如苯乙烯的精制，使用真空水泵和真空油泵都可以完成减压蒸馏。但是，前者得到的精制苯乙烯仅适用于自由基聚合，后者得到的精制苯乙烯可用于离子聚合。

③ 保护检测装置。真空泵和蒸馏系统之间常常采用串联保护装置，以防止低沸点物质和腐蚀性气体进入真空泵。以液氮充分冷却的冷阱[如图 1-11(b)所示]能使低沸点、易挥发

的馏分凝固，从而十分有效地防止它们进入真空泵。但是，当出现液体暴沸时，冷阱会被堵塞，影响减压蒸馏的正常进行。在冷阱与蒸馏系统之间置三通活塞，调节真空度和抽气量，可以避免液体暴沸，这种简单的保护设施可适用于普通单体和溶剂的减压蒸馏。较为复杂的保护系统由多个串联的吸收塔组成[图 1-11(c)]，从真空泵开始，依次填装干燥剂、苛性碱和固体石蜡，为使用方便，常将它们与真空泵固定于小车上。系统的真空度可由真空计来测定。

（3）真空计。常见的真空计有封闭式真空计和麦氏真空计，真空计可串联在系统上，如图 1-12 所示。封闭式真空计可测量 0.1～27kPa 范围的压力，测量时调节三通活塞即可，平时为避免空气和其他气体的渗入而将活塞关闭。麦氏真空计可测定 0.1～100Pa 的压力，使用时将测量部分由水平位置旋转至垂直方向，调节三通活塞使其与待测系统相通，即可读数。测量完毕后，恢复水平位置，关闭活塞。真空水泵通常配有压力计，但是测量精度不高，同时因水蒸气的侵蚀会使压力计工作失常，因此不要过度依赖其读数。

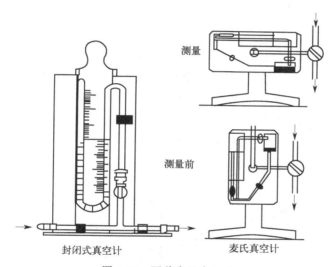

图 1-12 两种常见真空计

（4）减压蒸馏的实验操作。先安装好蒸馏装置，并与保护系统和真空油泵相连，中间串联一调节装置（如三通活塞）。三通活塞置于全通位置，启动真空油泵，调节三通活塞使系统逐渐与空气隔绝；继续调节活塞，使蒸馏系统与真空泵缓慢相通，同时注意液体是否有暴沸迹象。当系统达到合适真空度时，开始对待蒸馏液体进行加热，温度保持到馏分成滴蒸出。蒸馏完毕，调节三通活塞使体系与大气相通，然后才断开真空泵电源，拆除蒸馏装置。要获得无水的蒸馏物，需在体系通入干燥惰性气体，使之恢复常压，并在干燥惰性气流下撤离接收瓶，迅速密封。

3. 水蒸气蒸馏

在高分子化学实验中，很少使用水蒸气蒸馏，仅仅在聚合物裂解和提纯中用到。与常规蒸馏不同的是，它需要一个水蒸气发生装置，并以水蒸气作为热源，待蒸馏物与水蒸气加热至沸，并经冷凝、静置分层后得到待蒸馏物。图 1-13 为简易水蒸气发生和蒸馏装置。

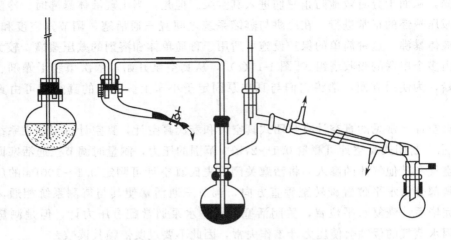

图 1-13　简易水蒸气发生和蒸馏装置

4. 旋转蒸发

旋转蒸发浓缩溶液具有快速方便的特点，在旋转蒸发仪上完成。旋转蒸发仪主要由三个部分组成，如图 1-14 所示。待蒸发的溶液盛放于梨形烧瓶中，在电动机的带动下烧瓶旋转，在瓶壁上形成薄薄的液膜，提高了溶剂的挥发速度。溶剂的蒸气经冷却凝结形成液体，流入接收瓶中。冷凝部分可为常规的回流冷凝管（图 1-14），也可以是特制的锥形冷凝器。为了起到良好的冷凝效果，常用冰水作为冷凝介质。为了进一步提高溶剂的挥发速度，通常使用水泵来降低压力。

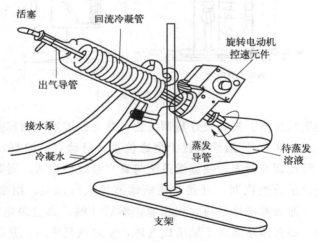

图 1-14　旋转蒸发仪

进行旋转蒸发时，首先将待蒸发溶液加入梨形烧瓶中，液体的量不宜过多，为烧瓶体积的三分之一即可。将梨形烧瓶和接收瓶接到旋转蒸发仪上，并用烧瓶夹固定。启动旋转电动机，开动水泵，关闭活塞，打开冷凝水，进行旋转蒸发，必要时将梨形烧瓶用水浴进行加热。

四、化学试剂的称量和转移

固体试剂基本上是采用称量法，可在不同类型的天平上进行，如托盘天平、分析天平和电子分析天平。分析天平是高精密仪器，使用时应严格遵守使用规则，平时还要妥善维护。电子分析天平的出现使高精度称量变得十分简单和容易，使用时应该注意它的最大负荷和避免试剂散落到托盘上。称量时，应借助适当的称量器具，如称量瓶、合适的小烧杯和洁净的硫酸纸。除了称量法以外，液体试剂可直接采用体积法，需要用到量筒、注射器和移液管等不同量具。气体量的确定较为困难，往往采用流量乘以通气时间来计算，对于储存在小型储气瓶中的气体也可以采用称量法。

进行聚合反应时，不同试剂需要转移到反应装置中。一般应遵循先固体后液体的原则，这样可以避免固体黏结在反应瓶的壁上，还可以利用液体冲洗反应装置。为了防止固体试剂散落，可以利用滤纸、硫酸纸等制成小漏斗，通过小漏斗缓慢加入固体。在许多场合下液体试剂需要连续加入，这需要借助恒压滴液漏斗等装置，严格的试剂加入速度可通过恒流蠕动泵来实现，流量可在每分钟几微升至几毫升内调节。气体的转移则较为简单，为了利于反应，通气管口应位于反应液面以下。

在高分子化学实验中，会接触到许多对空气、湿气等非常敏感的引发剂，如碱金属、有机锂化合物和某些离子聚合的引发剂（萘钠等）。在进行离子型聚合和基团转移聚合时，需要将绝对无水试剂转移到反应装置。这些化学试剂的量取和转移需要采取特殊措施，以下列举几例。

1. 碱金属（锂、钠和钾）

取一洁净的烧杯，盛放适量的甲苯或石油醚，将粗称量的碱金属放入溶剂中。借助镊子和小刀，将金属表面的氧化层刮去，快速称量并转移到反应器中，少量附着于表面上的溶剂可在干燥氮气流下除去（图 1-15）。还可以采用如图 1-16 所示方法加入固体或液体试剂。

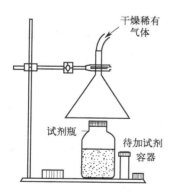
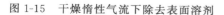

图 1-15　干燥惰性气流下除去表面溶剂

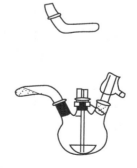

图 1-16　固体加料管及取用固体试剂

2. 离子聚合的引发剂

少量液体引发剂可借助干燥的注射器加入，固体引发剂可事先溶解于适当溶剂中再加入，较多量的引发剂可采用内转移法（图 1-17）。

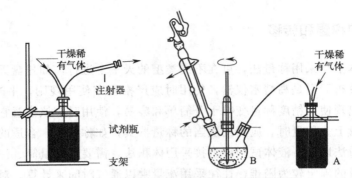

图 1-17　注射器法和内转移法转移敏感性液体

3. 无水溶剂

绝对无水的溶剂最好是采用内转移法转移，如图 1-17 所示。一根双尖中空的弹性钢针，经橡皮塞将储存溶剂容器 A 和反应容器 B 连接在一起，容器 A 另有一出口与氮气管道相通，通氮加压即可将定量溶剂压入反应容器 B 中。溶剂加入完毕，将针头抽出。

五、原材料的精制及聚合物的分离与纯化

在高分子反应中试剂的纯度对反应有很大影响。在缩合聚合中，单体的纯度会影响到官能团的摩尔比，从而使聚合物的分子量偏离设定值。在离子型聚合中，单体和溶剂中少量杂质的存在，不仅会影响聚合反应速率，改变聚合物的分子量，甚至会导致聚合反应不能进行。在自由基聚合中，单体往往含有少量阻聚剂，使得反应存在诱导期或聚合速率下降，影响动力学常数的准确测定。因此，在进行高分子化学实验之前，有必要对所用试剂进行纯化。高分子的合成可采用本体法、溶液法、悬浮法和乳液法，在高分子化学实验和研究中，本体法的使用较为常见。除本体法可以获得较为纯净的聚合物之外，其他方法所获得的产物还含有大量的反应介质、分散剂或乳化剂等，要想得到纯净的聚合物，应将产物中小分子杂质除去。在合成共聚物时，除了预期的产物外，还会生成均聚产物，有时聚合物原料没有完全发生共聚反应而残留在产物之中，此时需要对不同的聚合物进行分离。相比聚合物和小分子混合体系而言，聚合物共混物之间的分离较为复杂，也难以进行。

1. 单体的精制

在高分子化学实验中，单体的精制主要是对烯类单体而言，也包括某些其他类型单体。单体杂质的来源多种多样，如生产过程中引入的副产物（生产苯乙烯过程中的乙苯）和销售时加入的阻聚剂（对苯二酚和对叔丁基邻苯二酚）；单体在储运过程中与氧接触形成的氧化或还原产物（二烯单体中的过氧化物，苯乙烯中的苯乙醛）以及少量聚合物。

固体单体常用的纯化方法为结晶（己二胺与己二酸反应生成的尼龙 66 盐用乙醇重结晶，尼龙学名为聚酰胺；双酚 A 用甲苯重结晶）和升华。液体单体可采用减压蒸馏、在惰性气氛下分馏的方法进行纯化，也可以用制备色谱分离纯化单体。单体中的杂质可采用下列措施加以除去。

① 酸性杂质（包括阻聚剂对苯二酚等）用稀 NaOH 溶液洗涤除去，碱性杂质（包括阻

聚剂苯胺）可用稀盐酸洗涤除去。

② 单体的脱水干燥，一般情况下可用普通干燥剂，如无水 $CaCl_2$、无水 Na_2SO_4 和变色硅胶。严格要求时，需要使用 CaH_2 来除水。进一步除水，需要加入 1,1-二苯基乙烯衍生物（仅适用于苯乙烯）或 $AlEt_3$（三乙基铝，适用于甲基丙烯酸甲酯等），待液体呈一定颜色后，再蒸馏出单体。

③ 芳香族杂质可用硝化试剂除去，杂环化合物可用硫酸洗涤除去，注意苯乙烯绝对不能用浓硫酸洗涤。

④ 采用减压蒸馏法除去单体中的难挥发杂质。

离子型聚合对单体的要求十分严格，在进行正常的纯化后，需要彻底除水和其他杂质。例如，进行甲基丙烯酸酯或丙烯酸酯的阴离子聚合时，最后还需要在 $AlEt_3$ 存在下进行减压蒸馏。以下是一些常见聚合物单体的精制方法。

（1）苯乙烯。苯乙烯为无色的透明液体，常压沸点为 145℃，密度为 $0.906g/cm^3$（20℃），折射率为 1.5468（20℃），不溶于水，可溶于大多数有机溶剂。不同压力下苯乙烯沸点如表 1-3 所示。苯乙烯中所含阻聚剂常为酚类化合物。

表 1-3　不同压力下苯乙烯沸点

沸点/℃	18	30.8	44.6	59.8	69.5	82.1	101.4
压力/kPa	0.67	1.66	2.67	5.33	8.00	13.3	26.7

苯乙烯的精制过程如下。

① 在 250mL 的分液漏斗中加入 100mL 苯乙烯，用 20mL 的 5% NaOH 溶液洗涤多次至水层为无色，此时单体略显黄色。

② 用 20mL 蒸馏水继续洗涤苯乙烯，直至水层呈中性，加入适量干燥剂（如无水 Na_2SO_4、无水 $MgSO_4$ 和无水 $CaCl_2$ 等），放置数小时。

③ 初步干燥的苯乙烯经过滤除去干燥剂后，直接进行减压蒸馏，收集到的苯乙烯可用于自由基聚合等要求不高的场合。过滤后，加入无水 $CaCl_2$，密闭搅拌 4h，再进行减压蒸馏，收集到的单体可用于离子聚合。

（2）甲基丙烯酸甲酯。甲基丙烯酸甲酯为无色透明液体，常压沸点 100℃，密度为 $0.936g/cm^3$（20℃），折射率为 1.4138（20℃），微溶于水，可溶于大多数有机溶剂。不同压力下甲基丙烯酸甲酯的沸点如表 1-4 所示。对苯二酚为其常用的阻聚剂。

表 1-4　不同压力下甲基丙烯酸甲酯的沸点

沸点/℃	30	40	50	60	70	80	90
压力/kPa	7.67	10.80	16.33	25.2	37.2	52.93	72.93

它的纯化方法同苯乙烯，但是由于单体的极性，采用 CaH_2 干燥难以除尽极少量的水。用于阴离子聚合的单体还需要加入 $AlEt_3$。当液体略显黄色时，才表明单体中的水被完全除去，此时可进行减压蒸馏，收集单体。

（3）丙烯腈。丙烯腈为无色透明液体，常压沸点为 77.3℃，密度为 $0.866g/cm^3$（20℃），折射率为 1.3915（20℃），常温下在水中溶解度为 7.3%。由于它在水中的溶解度较大，故不宜采用碱洗法除去其中的阻聚剂，以免造成单体的损失。

丙烯腈精制方法如下：丙烯腈先进行常规蒸馏，收集 76～78℃ 的馏分，以除去阻聚剂；

馏分用无水 $CaCl_2$ 干燥 3h，过滤，单体中加入少许 $KMnO_4$ 溶液，进行分馏，收集 $77 \sim 77.5℃$ 的馏分。若仅要求除去丙烯腈单体中的阻聚剂则可用色谱柱法，使待精制的丙烯腈单体以 $1 \sim 2mL/min$ 的速度通过装有强碱性阴离子交换树脂的色谱柱，收集的单体加入少量 $FeCl_3$ 进行蒸馏。其他水溶性较大的单体，如甲基丙烯酸羟乙酯、甲基丙烯酸缩水甘油酯等，也可采用过色谱柱法除去单体中的酚类阻聚剂。

（4）丙烯酰胺。丙烯酰胺为固体，易溶于水，不能通过蒸馏的方法进行精制，可采用重结晶的方法进行纯化。具体步骤如下：将 55g 丙烯酰胺溶解于 40℃的 20mL 蒸馏水，置于冰箱中深度冷却，有丙烯酰胺晶体析出，迅速用布氏漏斗过滤。自然晾干后，再于 $20 \sim 30℃$ 下真空干燥 24h。如要提高单体的结晶收率，可在重结晶母液中加入 6g 硫酸铵，充分搅拌后置于冰箱中，此时又有丙烯酰胺晶体析出。其他固体烯类单体皆采用重结晶的方法进行精制。

（5）乙酸乙烯酯。乙酸乙烯酯为无色透明液体，常压沸点为 73℃，密度为 $0.943g/cm^3$（20℃）；折射率为 1.3958（20℃）。乙酸乙烯酯的精制方法如下：60mL 的乙酸乙烯酯加入 100mL 的分液漏斗中，用 12mL 饱和 $NaHSO_3$ 溶液充分洗涤三次，再用 20mL 蒸馏水洗涤一次；用 12mL 的 10% Na_2CO_3 溶液洗涤两次，最后用蒸馏水洗至中性。单体用干燥剂干燥数小时，过滤，蒸馏。

（6）乙烯基吡啶。乙烯基吡啶为无色透明液体，因易被氧化而呈褐色甚至褐红色，密度为 $0.972g/cm^3$（20℃），折射率为 1.55（20℃）。采用过色谱柱的方法除去阻聚剂，填料为强碱性阴离子交换树脂。对于 2-乙烯基吡啶，收集 14.66kPa 压力下 $48 \sim 50℃$ 的馏分；对于 4-乙烯基吡啶，收集 12.0kPa 压力下 $62 \sim 65℃$ 的馏分，密闭避光保存。

（7）环氧丙烷。环氧丙烷中加入适量 CaH_2，在隔绝空气的条件下电磁搅拌 $2 \sim 3h$，在 CaH_2 存在下进行蒸馏，即可得到无水的环氧丙烷，可用于阳离子聚合。若环氧丙烷已存放较长时间，需要重新精制。

（8）尼龙 66 盐。合成尼龙 66 的单体为己二酸和己二胺，分别具有酸性和碱性，二者可以形成摩尔比为 1：1 的尼龙 66 盐，熔点为 196℃。将 5.8g 己二酸（0.04mol）和 4.8g 己二胺（0.042mol）分别溶解于 30mL 的 95% 乙醇中。在搅拌条件下，将两溶液混合，混合过程中溶液温度升高，并有晶体析出。继续搅拌 20min，充分冷却后，过滤，并用乙醇洗涤 $2 \sim 3$ 次，自然晾干或在 60℃ 真空干燥。

（9）甲苯二异氰酸酯。甲苯二异氰酸酯是合成聚氨酯的主要原料，它为无色透明液体，往往因含有杂质而呈淡黄色。在潮湿的环境中，异氰酸酯基容易水解生成氨基，最终会导致单体交联而失效。使用前，单体在隔绝空气的条件下进行蒸馏。

单体减压蒸馏后需恢复常压，如果直接与大气相通，体系的负压会使空气迅速进入，使单体吸潮并溶有氧气，因此需要设计和制作一些特殊的装置（图 1-18），防止空气直接进入接收瓶。使用时，将磨口 A 与接液管相接，磨口 B 连接在接收瓶上，旋开活塞，接收馏分。蒸馏完毕，旋紧活塞，拆离后，连接在双排管装置上，在干燥惰性气流下打开活塞。聚四氟乙烯活塞上的橡胶 O 形环起到密封作用。

2. 引发剂的精制

引发剂的精制是针对自由基聚合的引发剂而言，离子聚合和基团转移聚合等引发剂往往是现用现制，使用之前一般需要进行浓度的标定，在有关实验中将对此做详细介绍。

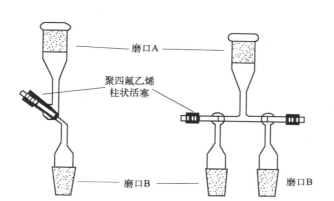

图 1-18　带聚四氟乙烯活塞的二通和三通

（1）偶氮二异丁腈。将 5g 偶氮二异丁腈（AIBN）加入 50mL 乙醇中，加热至 50℃，搅拌使引发剂溶解，立即进行热过滤，除去不溶物。滤液置于冰箱中深度冷却，偶氮二异丁腈晶体析出。用布氏漏斗过滤，晶体置于真空容器中，于室温减压除去溶剂，精制好的引发剂放置在冰箱中密闭保存。

（2）过氧化苯甲酰。过氧化苯甲酰（BPO）的精制可采取混合溶剂重结晶法，即在室温下选用溶解度较大的溶剂，于室温溶解 BPO 并达饱和，然后加入溶解度小的溶剂使 BPO 结晶。由于丙酮和乙醚对 BPO 的诱导分解作用较强，因此不宜作为 BPO 重结晶混合溶剂。具体操作如下：将 12g BPO 于室温溶解在尽量少的氯仿中，过滤除去不溶物；滤液倒入 150mL 甲醇中，置于冰箱中深度冷却，白色针状 BPO 晶体析出。用布氏漏斗过滤，晶体用少量甲醇洗涤。置于真空容器中，于室温减压除去溶剂，精制好的引发剂放置在冰箱中密闭保存。

（3）过硫酸钾。于 40℃配制过硫酸钾的饱和水溶液，再加入少许蒸馏水后过滤除去不溶物，将溶液置于冰箱中深度冷却，析出过硫酸钾晶体。过滤，用少量蒸馏水洗涤，用 $BaCl_2$ 溶液检测滤液中是否还有 SO_4^{2-} 存在，如有需要再次重结晶。所得晶体于室温下在真空容器中减压干燥，密闭保存于冰箱中。

（4）三氟化硼乙醚。三氟化硼乙醚（$BF_3 \cdot Et_2O$）是阳离子聚合常用的引发剂，长时间放置呈黄色，使用前应在隔绝湿气的条件下进行蒸馏，馏分密闭保存。

3. 溶剂的精制和干燥

普通分析纯溶剂皆可满足自由基聚合和逐步聚合反应的需要，乳液聚合和悬浮聚合可用蒸馏水作为反应介质。离子型聚合反应对溶剂的要求很高，必须通过精制和干燥溶剂，做到完全无水、无杂质。

（1）正己烷。正己烷的常压沸点为 68.7℃，密度为 0.6378g/cm³（20℃），折射率为 1.3723（20℃），其与水的共沸点为 61.6℃，共沸物含 94.4%的正己烷。正己烷常含有烯烃和高沸点的杂质。正己烷的纯化步骤如下。

① 在分液漏斗中，用 5%体积的浓硫酸洗涤正己烷，可除去烯烃杂质。用蒸馏水洗涤至中性，除去硫酸。用无水 Na_2SO_4 干燥，过滤除去无机盐。

② 如要除去正己烷中的芳烃，可将上述初精制的正己烷通过碱性氧化铝色谱柱，氧化铝用量为 200g/L。

③ 初步干燥的正己烷，加入钠丝或钠块，以二苯甲酮作为指示剂，回流至深蓝色。其他烷烃类溶剂也可采取相同的方法进行精制。

（2）苯和甲苯。苯的常压沸点为 80.1℃，密度为 0.8790g/cm³（20℃），折射率为 1.5011(20℃)，苯中常含有噻吩，采用蒸馏的方法难以除去。苯的纯化步骤如下。

① 利用噻吩比苯容易磺化的特点，用苯体积 10% 的浓硫酸反复洗涤，至酸层呈无色或微黄色。取苯 3mL，与 10mL 1H-吲哚-2,3-二酮（靛红）-浓硫酸溶液（1g/L）混合。静置片刻后，若溶液呈浅蓝绿色，则表明噻吩仍然没有除净。

② 无噻吩的苯层用 10% 碳酸钠溶液洗涤一次，再用蒸馏水洗涤至中性，然后用无水 $CaCl_2$ 干燥。

③ 初步干燥的苯，加入钠丝或钠块，以二苯甲酮作为指示剂，回流至深蓝色。甲苯的常压沸点为 110.6℃，密度为 0.8669g/cm³（20℃），折射率为 1.4969(20℃)，常含有甲基噻吩（沸点为 112.51℃）。它的纯化方法同苯。

（3）四氢呋喃。四氢呋喃的常压沸点为 66℃，密度为 0.8892g/cm³（20℃），折射率为 1.4071（20℃），储存时间长易产生过氧化物。取 0.5mL 四氢呋喃，加入 1mL 10% 碘化钾溶液和 0.5mL 稀盐酸，混合均匀后，再加入几滴淀粉溶液，振摇 1min。溶液若显色，表明溶剂中含有四氢呋喃。它的纯化过程如下。

① 四氢呋喃用 KOH 溶液浸泡数天，过滤，进行初步干燥。

② 向四氢呋喃中加入新制的 $CuCl_2$，回流数小时后，除去其中的过氧化物，蒸馏出溶剂。

③ 加入钠丝或钠块，以二苯甲酮作为指示剂，回流至深蓝色。

（4）1,4-二氧六环。1,4-二氧六环（又称 1,4-二噁烷，常简称为二氧六环）的常压沸点为 101.5℃，密度为 1.0336g/cm³（20℃），折射率为 1.4224(20℃)，长时间存放也会产生过氧化物，商品溶剂中还含有二乙醇缩醛（二乙醇缩甲醛或二乙醇缩乙醛）。它的纯化过程如下：二氧六环与 10% 浓度的浓盐酸回流 3h，同时慢慢通入氮气，以除去生成的乙醛；加入 KOH 直至不再溶解为止，分离出水层。然后用粒状 KOH 初步干燥 1d，常压蒸出。初步除水的二氧六环，再用钠丝或钠块，以二苯甲酮作为指示剂，回流至深蓝色。

（5）乙酸乙酯。乙酸乙酯的常压沸点为 77℃，密度为 0.8946g/cm³（20℃），折射率为 1.3724（20℃），最常见的杂质为水、乙醇和乙酸。它的纯化过程如下：在分液漏斗中，先用 5% 的碳酸钠溶液洗涤，再用饱和氯化钙溶液洗涤，分出酯层，用无水硫酸钙或无水硫酸镁干燥，进一步用活化的 4A 分子筛干燥。

（6）N,N-二甲基甲酰胺。N,N-二甲基甲酰胺（DMF）的常压沸点为 153℃，密度为 0.9437g/cm³（20℃），折射率为 1.4297(20℃)，与水互溶，150℃ 时缓慢分解，生成二甲胺和一氧化碳。在碱性试剂存在时，室温下即可发生分解反应。因此，不能用碱性物质作为干燥剂。它的纯化过程如下：溶剂用无水 $CaSO_4$ 初步干燥后，减压蒸馏，如此纯化的溶剂可供大多数实验使用。若溶剂含有大量水时，可将 250mL 溶剂和 30g 苯混合，于 140℃ 蒸馏出水和苯。纯化好的溶剂应该避光保存。

溶剂的彻底干燥需要在隔绝潮湿空气的条件下进行；处理好的溶剂存放时间较长，会吸收湿气，因此最好使用刚刚处理好的溶剂。图 1-19 的回流干燥装置可方便地提供新制的溶剂，认真观察示意图，分析出它们的工作原理和使用方法。

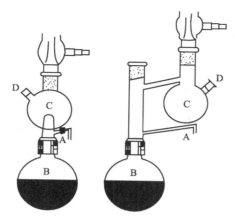

图 1-19　溶剂的回流干燥装置

4. 气体的干燥和通入

在高分子化学实验中，气体往往起到的是保护作用，例如空气中的氧气对自由基聚合有一定的阻聚作用。阴离子聚合体系如果接触到空气就会与氧气、二氧化碳和水蒸气反应而使聚合终止。常用的保护气体为氮气和氩气等稀有气体，它们分别储存在黑色和灰色的钢瓶中。

使用的场合不同，对氮气和稀有气体纯度要求也不一样。自由基聚合中使用普通氮气即可，阴离子聚合则需要使用纯度为 99.99% 的高纯氮和高纯氩。为了保证聚合的顺利进行，在气体进入反应系统之前，还要通过净化干燥装置，进一步除去气体的水蒸气、氧气等活泼性气体。工业纯氮气中的水分可用分子筛、氯化钙等除去。氮气中少量的氧气可使用不同的除氧剂，如固体的还原铜和富氧分子筛，在常压下即可使用。BTS 催化剂是一种新型的除氧剂，由还原剂和还原催化剂组成，能快速将氧气还原成水，使用一段时间后，需在管式马弗炉中通氢气使其还原，然后可重复使用。分子筛使用之前，也需要高温通氮干燥。液体除氧剂有铜氨溶液、连二亚硫酸钠碱性溶液和焦性没食子酸的碱性溶液，使用时气体会带出大量水蒸气。

图 1-20(a) 为简单的气体净化干燥装置，液体干燥剂（浓硫酸）置于中间洗气瓶中，两边洗气瓶起到防止液体倒吸的作用。图 1-20(b) 所示的气体干燥装置中两个吸收柱依次填装 BTS 催化剂和活化分子筛，分别可以除去气体中的氧气和水蒸气。气体通入反应装置之前需要经过一个缓冲装置，如图 1-20(a) 所示。缓冲装置也可以使用抽滤瓶和大的烧瓶等。气体导管置于反应液液面以下，如果气体仅仅是起到保护作用，可以在通入气体一段时间后，将导管置于液面以上，这样可避免因意外而发生液体倒吸现象。通过观察计泡器（图 1-21），可以了解气流的大小，它的内部装有挥发性小的液体（液体石蜡、硅油和植物油等），因此它还起到液封的作用，使体系与外界隔开。

图 1-21(a) 为普通的计泡器，使用时会发生液体倒吸现象。图 1-21(b) 为改进的计泡器。内通气管被吹成球形，能够储存较多的液体，从而避免液体倒吸入通气管道。图 1-21(c) 的计泡器有一个栓子，体系呈负压时栓子与通气管上端密合，防止液体回流。

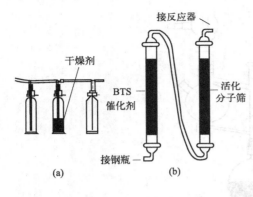

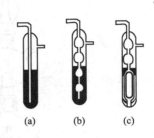

图 1-20　气体净化干燥装置　　　　　　　　　　　　图 1-21　计泡器

5. 聚合物的分离与纯化

聚合物具有分子量的多分散性和结构的多样性，因此聚合物的精制与小分子的精制有所不同。聚合物的精制是指将其中的杂质除去，对于不同的聚合物而言，杂质可以是引发剂及其分解产物、单体分解及其他副反应产物和各种添加剂如乳化剂、分散剂和溶剂，也可以是同分异构聚合物（如有规立构聚合物和无规立构聚合物、嵌段共聚物和无规共聚物），还可以是原料聚合物（如接枝共聚物中的均聚物）。应根据所需除去的杂质，选择相应的精制方法，以下为聚合物常用的精制方法。

（1）溶解沉淀法。这是精制聚合物最原始的方法，也是应用最为广泛的方法。将聚合物溶解于溶剂 A 中，然后将聚合物溶液加入对聚合物不溶但可以与溶剂 A 互溶的溶剂 B（聚合物的沉淀剂）中，使聚合物缓慢地沉淀出来，这就是溶解沉淀法。

聚合物溶液的浓度、沉淀剂加入速度以及沉淀温度等对精制的效果和所分离出聚合物的外观影响很大。聚合物浓度过高，沉淀物呈橡胶状，容易包裹较多杂质，精制效果差；浓度过低，精制效果好，但是聚合物呈微细粉状，收集困难。沉淀剂的用量一般是溶剂体积的 5~10 倍。聚合物残留的溶剂可以采用真空干燥的方法除去。

（2）洗涤法。用聚合物不良溶剂反复洗涤高聚物，通过溶解而除去聚合物所含的杂质，这是最为简单的精制方法。对颗粒很小的聚合物来说，因为其表面积大，洗涤效果较好，但是对于颗粒大的聚合物而言，则难以除去颗粒内部的杂质，因此精制效果不甚理想。该法一般只作为辅助的精制方法，即萃取或沉淀后，用溶剂进一步洗涤干净。常用的溶剂有水和乙醇等价廉的溶剂。

（3）抽提法。这是精制聚合物的重要方法，用溶剂萃取出聚合物中的可溶性部分，达到分离和提纯的目的，一般在索式抽提器中进行。

索式抽提器如图 1-22 所示，由烧瓶 A、带两个侧管的提取器 B 和冷凝管 C 组成，形成的溶剂蒸气经

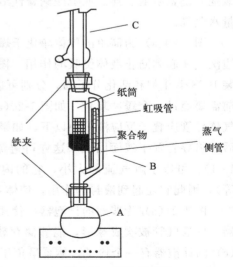

图 1-22　索氏抽提器

蒸气侧管而上升，虹吸管则是提取器中溶液往烧瓶中溢流的通道。将被萃取聚合物用滤纸包裹结实，放在纸筒内，把它置于提取器 B 中，并使滤纸筒上端低于虹吸管的最高处。在烧瓶中装入适当的溶剂，最小量不得低于提取器容积的 1.5 倍。加热使溶剂沸腾，溶剂蒸气沿蒸气侧管上升至提取器中，并经冷凝管冷却凝聚。液态溶剂在提取器中汇集，润湿聚合物并溶解其中可溶性的组分。当提取器中的溶剂液面升高至虹吸管最高点时，提取器中的所有液体从提取器虹吸到烧瓶中，然后开始新一轮的溶解提取过程。保持一定的溶剂沸腾速度，使提取器每 15 分钟被充满一次，经过一定时间，聚合物中可溶性杂质就可以完全被抽提到烧瓶中，在抽提器中只留下纯净的不溶性聚合物，可溶性部分则残留在溶剂中。抽提方法主要用于聚合物的分离，不溶性的聚合物以固体形式存在，可溶性的聚合物除去溶剂并经纯化后即得到纯净的组分。

（4）聚合物胶乳的纯化（破乳及渗析）。乳液聚合的产物——聚合物胶乳，除了含聚合物以外，更多的是溶剂水和乳化剂。要想得到纯净的聚合物，首先必须将聚合物与水分离开，常采用的方法是破乳。破乳是向胶乳中加入电解质、有机溶剂或其他物质，破坏胶乳的稳定性，从而使聚合物凝聚。破乳以后，需要用可溶解乳化剂但不溶解聚合物的溶剂洗涤，除去聚合物中残留的乳化剂，进一步纯化可采取溶解-沉淀法。悬浮聚合所得到的聚合物颗粒较大，通过直接过滤即可获得较为纯净的产品，残留的少量分散剂可通过洗涤的方法除去。在某些情况下，只需将聚合物胶乳中的乳化剂和无机盐等小分子化合物除去，这时可用半渗透膜制成的渗析袋透析纯化，但耗时较长。

（5）聚合物的干燥。聚合物的干燥是将聚合物中残留的溶剂（如水和有机溶剂）除去的过程。最普通的干燥方法是将样品置于红外灯下烘烤，但是会因温度过高导致样品被烤焦；另一种方法是将样品置于烘箱内烘干，但是所需时间较长。比较适合于聚合物干燥的方法是真空干燥。真空干燥可以利用真空烘箱进行，将聚合物样品置于真空烘箱密闭的干燥室内，加热到适当温度并减压，该法能够快速、有效地除去残留溶剂。为了防止聚合物粉末样品在恢复常压时被气流冲走或者固体杂质飘落到聚合物样品中，可以在盛放聚合物的容器上加盖滤纸或铝箔，并用针扎一些小孔，以利于溶剂挥发。也可以利用图 1-23 的简易真空干燥装置，除去少量聚合物样品中的低沸点溶剂。冷冻干燥是在低温下进行的减压干燥，适用于有生物活性的聚合物样品和水溶性聚合物的干燥。

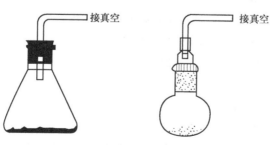

图 1-23　少量固体的干燥

（6）聚合物的分级。聚合物的分子量具有一定分布宽度，将不同分子量的级分分离出的过程称为聚合物的分级。聚合物的分级是了解聚合物分子量分布情况的重要方法，虽然凝胶渗透色谱法可以快速、简洁地测定聚合物分子量分布，但是它只适用于可以合成出已知分子量的单分散标准样品的聚合物，如聚苯乙烯、聚甲基丙烯酸甲酯、聚环氧乙烷等，因而要获取单分散聚合物和建立分子量测定标准，则聚合物的分级是必不可少的。

聚合物的分级主要利用聚合物溶解度与其分子量相关的原理，通过温度控制、良溶剂/沉淀剂的比例来调节不同分子量聚合物的溶解度，实现它们的分离。例如，当温度恒定时，对于某一溶剂聚合物存在一临界分子量，低于该值的聚合物能以分子状态分散在溶剂中（称为聚合物溶解），高于该值的聚合物则以聚集体形式悬浮于溶剂中，这时可以通过温度的升降进行分级。将多分散性聚合物溶解于它的良溶剂中，维持固定的温度，缓慢向溶液中加入沉淀剂。沉淀剂加入初期分子量高的级分首先从溶液中凝聚出而形成沉淀，采用超速离心法将凝聚出的聚合物分离出，再向聚合物中加入沉淀剂，这样就可以依次得到分子量不同、单分散的聚合物样品——级分。利用相同原理，可以维持聚合物的溶剂组成不变，依次降低溶液的温度，也可以对聚合物进行分级。于是，可以设计出溶剂-沉淀分级法、溶解-降温分级法和溶解分级法。溶解分级法可以在色谱柱中进行，用不同组成的聚合物溶剂-沉淀剂配制的混合溶剂逐步溶解聚合物样品，一般最初的混合溶剂含较多的沉淀剂，低分子量级分首先被分离出。

六、特殊的高分子化学实验操作

大部分聚合反应可以用通常的实验操作来完成，一般应用到的实验操作包括搅拌、加热、连续加料和通入稀有气体。图1-24为典型的有加热、连续加料、机械搅拌和通气的实验装置图，它使用一个多口交换头，反应可同时进行多种操作，此时反应的温度控制只能通过调节加热介质的温度来实现。采用电磁搅拌，冷凝管可置于三口烧瓶中间口；如果不需要连续加料，则可以对反应温度进行实时监控。

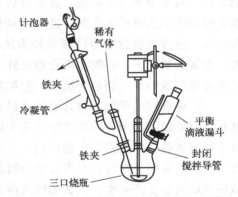

图1-24 多种实验操作同时使用的反应装置

但是，某些聚合反应还需要用到其他实验手段，主要如下。

1. 聚合反应中的动态减压

无论是聚酯还是聚酰胺的合成，在反应后期都需要进行减压操作，从高黏度的聚合体系中将小分子产物水排出，使反应平衡向聚合物方向移动，提高缩聚反应程度和增加分子量。这些缩聚反应的共同特征是：反应体系黏度大、反应温度高并需要较高的真空度。针对这些特点需要采取以下措施。

① 为了使反应均匀，需要强力机械搅拌，使用的搅拌棒要有一定的强度，以避免在高速转动过程中，叶片被损坏。

② 为了防止反应物质氧化，高温下进行的聚合反应应该在惰性气氛或真空下进行。

③ 为了防止单体损失，减压操作应在反应后期进行。为了提高体系的密闭性，搅拌导管和活塞等处要严格密封。典型的减压缩聚反应实验装置如图1-25所示。

2. 封管聚合

封管聚合是在静态减压条件下进行的聚合反应，将单体置于封管中，减压后密封聚合。

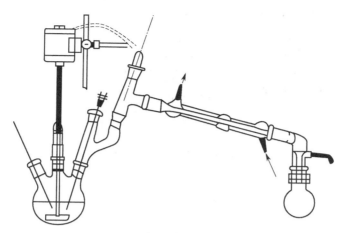

图 1-25　熔融缩聚反应中减压、搅拌操作

封管聚合由于是在密闭体系中进行，因此不适用于平衡常数低的熔融缩聚反应，尼龙 6（PA6，即聚酰胺 6）的合成以及许多自由基聚合反应可采用封管聚合的手段。

　　不同类型的封管如图 1-26 所示，其中图 1-26（a）为常用的封管，由普通硬质玻璃管制成，偏上部分事先拉成细颈，有利于聚合时在此处烧熔密封。该种封管的缺陷是容量小。图 1-26（b）为改进后的封管，其底部吹制成球形，增加了聚合反应的容积。但是，仍然需要烧熔密封。图 1-26（c）带有磨口活塞，通过它可进行聚合前的准备工作，聚合时只要保证活塞的密闭性即可。这种装置可重复进行，较大的磁子也容易放入封管内。有细颈的封管在加料时会有许多麻烦，需要借助适当的工具，如图 1-26（d）所示为细颈漏斗。

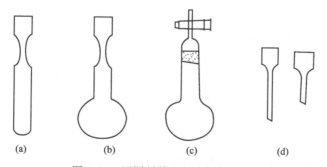

(a)　　　　　(b)　　　　　(c)　　　　　(d)

图 1-26　不同封管和相应加料漏斗

3. 双排管反应系统

　　若进行高真空或无水无氧聚合，可以设计和制作不同的实验装置来进行，双排管反应系统因方便、灵活而被广泛使用。

　　图 1-27 为双排管反应系统，主体为两根玻璃管，固定在铁架台上。它们分别与通气系统和真空系统相通，二者之间则是通过多个三通活塞相连。三通活塞的另外一个接口连接到反应瓶上，平时分别用一洁净干燥的烧瓶和一截弯曲的玻璃棒封闭出口。调节三通活塞的位置，可以使反应瓶处在动态减压、动态充气和压力恒定的状态。反应瓶可以设计成不同形状，如球形和圆柱形。反应瓶一般有两个接口。一个接口与双排管反应系统相连，可为磨口，也可以用真空橡胶管连接［见图 1-27（a）和（b）］。另一个接口则是反应原料入口，可用

翻口橡皮塞和三通活塞密封，物料可采取注射器法和内转移法加入。

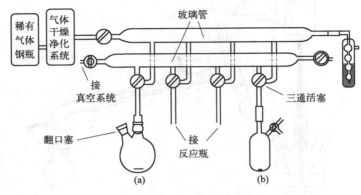

图 1-27　双排管反应系统

七、聚合反应的测定和聚合物的鉴定

1. 聚合反应的测定

在有机反应中，常用薄层色谱法监控反应物是否完全反应。要了解一个聚合反应进行的程度，就需要测定不同反应时间单体的转化率或基团的反应程度。常用的测定方法有重量法、化学滴定法、膨胀计法、色谱法和光谱分析法。

（1）重量法。当聚合反应进行到一定时间后，从反应体系中取出一定重量的反应混合液，采用适当方法分离出聚合物并称重。可以选用沉淀法快速分离出聚合物，但是低聚体难以沉淀出，并且在过滤和干燥过程中也会造成损失；也可以采用减压干燥的方法除去未反应的单体、溶剂和易挥发的成分，此法耗时较长，而且会有低分子量物质残留在聚合物样品中。

（2）化学滴定法。缩聚反应中常采用化学滴定法测定残余基团的数目，由此还可以获得聚合物的平均分子量。对于烯类单体的聚合反应，可以采用滴定 C═C 键浓度的方法确定单体转化率。

① 羧基滴定。称取适量聚合物加入 100mL 锥形瓶中，用移液管加入 20mL 惰性溶剂（甲醇、乙醇、丙酮和苯等），缓慢搅拌使其溶解，必要时可回流。加入 2～3 滴 0.1% 的酚酞溶液作为指示剂，用 0.01～0.1mol/L 的 KOH 或 NaOH 标准溶液滴定至浅粉红色（颜色在 15～30s 内不褪色）。用相同方法进行空白滴定，由此可以得到 1g 聚合物所含羧基的物质的量（A_{COOH}），单位为 mol/g。

$$A_{COOH} = (V - V_0) \times c/m$$

式中，V 和 V_0 分别为样品滴定和空白样品滴定所消耗碱标准溶液的体积，mL；c 为碱标准溶液的浓度，mol/L；m 为聚合物样品的质量，g。

② 羟基滴定。羟基与乙酸酐反应生成酯和羧酸，由滴定产生的羧酸量即可知道聚合物样品中羟基的含量。在洁净干燥的棕色试剂瓶中加入 100mL 新蒸馏的吡啶和 15mL 新蒸馏的乙酸酐，混合均匀后备用。准确称量适量的聚合物（如 1.000g），放入 100mL 磨口锥形瓶中，用移液管加入 10mL 上述吡啶-乙酸酐溶液，并用少量吡啶冲洗瓶口。然后装配上回

流冷凝管和干燥管，缓慢搅拌使其溶解。然后在100℃油浴中保持1h，再用少量吡啶冲洗冷凝管，冷却至室温。加入3～5滴0.1%的酚酞-乙醇溶液作为指示剂，用0.5～1mol/L的KOH或NaOH标准溶液滴定至浅粉红色（颜色在15～30s内不褪色）。用相同方法进行空白滴定，由此可以得到1g聚合物所含羟基的物质的量（A_{OH}），单位为mol/g。

$$A_{OH} = (V-V_0) \times c/m$$

式中，V和V_0分别为样品滴定和空白样品滴定所消耗碱标准溶液的体积，mL；c为碱标准溶液的浓度，mol/L；m为聚合物样品的质量，g。

③ 环氧值的确定。环氧树脂中的环氧基团含量可用环氧值来表示，即100g环氧树脂中所含环氧基团的物质的量。环氧基团在盐酸-吡啶溶液中被盐酸开环，消耗等物质的量的HCl，测定消耗的HCl的量，就可以得到环氧值。

准确称量0.500g环氧树脂，放入250mL磨口锥形瓶中，用移液管加入0.2mol/L的盐酸-吡啶溶液20mL，装配上回流冷凝管和干燥管，缓慢搅拌使其溶解。于95～100℃油浴中保持30min，再用少量吡啶冲洗冷凝管，冷却至室温。加入3～5滴0.1%的酚酞-乙醇溶液作为指示剂，用0.1～0.5mol/L的KOH或NaOH标准溶液滴定至浅粉红色（颜色在15～30s内不褪色）。用相同方法进行空白滴定，由此得到环氧值EPV，单位为mol/g。

$$EPV = 10 \times (V-V_0) \times c/m$$

式中，V和V_0分别为样品滴定和空白样品滴定所消耗碱标准溶液的体积，mL；c为碱标准溶液的浓度，mol/L；m为环氧树脂的质量，g。

④ 异氰酸酯基的测定。异氰酸酯基可与过量的胺反应生成脲，用酸标准溶液滴定剩余的胺，即可得到异氰酸酯基的含量，比较合适的胺为正丁胺和二正丁胺。由于水和醇都能和异氰酸酯基反应，所以选用的溶剂须经过严格的干燥处理，并且为非醇、酚类试剂，一般选用氯苯、二氧六环作为溶剂。

准确称量1.000g样品，放入100mL磨口锥形瓶中，用移液管加入10mL二氧六环，待样品完全溶解完毕后，用移液管加入10mL正丁胺-二氧六环溶液（浓度为25g/100mL）。加塞，摇匀静置一段时间（芳香族异氰酸酯静置15min，脂肪族异氰酸酯静置45min）后，加入几滴甲基红溶液，用0.1mol/L的盐酸标准溶液滴定，至终点时颜色由黄色转变成红色。用相同方法进行空白滴定，由此得到1g聚合物中所含异氰酸酯基的物质的量（A_{NCO}），单位为mol/g。

$$A_{NCO} = (V-V_0) \times c/m$$

式中，V和V_0分别为样品滴定和空白样品滴定所消耗酸标准溶液的体积，mL；c为酸标准溶液的浓度，mol/L；m为聚合物样品的质量，g。

⑤ 碳-碳双键的测定。溴与碳-碳双键可以定量反应生成二溴化物，利用该反应可测定化合物中碳-碳双键的含量。一般是采用回滴定法，即用过量溴与化合物反应，剩余的溴与KI反应生成单质碘，析出的I_2再用$Na_2S_2O_3$滴定，由此可得到碳-碳双键的物质的量（$A_{C=C}$），单位为mol。

$$A_{C=C} = (V_1 - V_2) \times c$$

式中，V_1和V_2分别为空白样品滴定和样品滴定所消耗$Na_2S_2O_3$标准溶液的体积，mL；c为$Na_2S_2O_3$标准溶液的浓度，mol/L。

（3）膨胀计法。烯类单体在聚合过程中，由于聚合物的密度高于单体的浓度而发生体积收缩，同时单体与相应聚合物混合时不会发生明显的体积变化，因此烯类单体聚合时单体的转化率和反应体系的体积之间存在线性关系。假设起始单体重量为 W_0，单体和聚合物密度分别为 d_m 和 d_p，反应一段时间后聚合体系的体积为 V_t，则单体的转化率（C）应满足：

$$C = \frac{V_0 - V_t}{W_0(1/d_m - 1/d_p)}$$

为了跟踪聚合过程中体系的体积变化，可使聚合反应在膨胀计中进行。膨胀计的形状、大小和毛细管的粗细可根据聚合体系的体积变化和所要求的精度来确定。在聚合过程中，膨胀计应该无泄漏，聚合体系中无气泡产生，并严格控制反应温度。在低转化率下，聚合体系黏度低，热量传递容易，可以不用搅拌。在乳液聚合体系中搅拌必不可少。

膨胀计法是一种物理检测法，即利用聚合过程中聚合体系物理性质的变化来间接测定聚合反应的转化率。由于聚合物和单体折射率的差异，随着聚合的进行，聚合体系的折射率也连续发生变化，并与转化率关联，因此可以利用折射率来测定单体的转化率。聚合过程中，随着更多的聚合物生成，聚合体系的黏度逐渐增加，如果知道体系黏度与转化率的关系，则可以利用黏度法测定单体的转化率。

（4）色谱法。色谱法是一种简单、迅速而有效的方法，特别适用于共聚合体系，这是上述几种方法无法替代的。从聚合体系中取出少量聚合混合物，用沉淀剂分离出聚合物，就可以用气相色谱或液相色谱测定不同单体的相对含量。绝对量的确定，则需要在相同色谱工作条件下作出工作曲线。

（5）光谱分析法。由于单体和聚合物结构的不同，它们的光谱具有各自的特征。例如，可以利用它们红外光谱中特征吸收峰吸光度的相对强度变化来确定相应官能团的相对含量，进一步确定出单体与聚合物的比例，由此得到单体转化率。值得注意的是，绝对值的确定需要作出工作曲线。核磁共振谱也常常用于测定聚合反应进行的程度，特别适用于烯类单体的聚合反应。例如，在测定苯乙烯聚合反应的单体转化率时，以苯环上的氢原子的质子峰作为内标，测定 C=C 键质子峰相对积分高度，即可求得单体的转化率。光谱分析法也适用于共聚体系。

2. 聚合物的表征

聚合反应结束后，需要将聚合物从反应体系中分离出来，并进行适当的纯化，得到纯净聚合物样品。为了证实实验结果的正确性，需要对生成的聚合物进行结构的确定和性质的测定，即聚合物的表征。聚合物的表征内容包括：化学组成（元素组成、结构单元组成）、分子量大小及其分布、常见的物理性质（密度、折射率和热性质等）以及聚合物的高级结构（如聚集态结构）。对于新合成的聚合物，还要试验它在不同溶剂中的溶解性能。

聚合物化学组成的确定首先要了解聚合物的元素组成，可以采用元素分析的方法；其次聚合物结构单元的测定可以使用红外光谱、核磁共振、拉曼光谱以及热解-色谱/质谱联用分析等方法，并结合所使用的单体和所进行的聚合类型加以分析。使用红外光谱和核磁共振还可以确定聚合物的立构规整性以及共聚物的序列分布。

聚合物的分子量测定可以采取多种手段，膜渗透压法和气相渗透法可以得到聚合物的绝对数均分子量，光散射法可以得到聚合物的绝对重均分子量，超速离心法可以同时获得绝对数均分子量和绝对重均分子量。实验室常使用的是凝胶渗透色谱（GPC）和黏度法，它们需要用已知分子量的同种聚合物作为基准物才能得到分子量的绝对值。用凝胶渗透色谱测定的实际上是聚合物溶液溶质的线团尺寸，对于嵌段共聚物和接枝共聚物而言，往往由于共聚物的自胶束化行为，而使实验值远远偏离理论值。化学滴定等端基分析法也可以得到聚合物的数均分子量，例如用核磁共振分析端基数量，这种方法对于分子量较低的聚合物才有较好的可信度。

第三节　高分子化学实验室的安全规范与学习要求

高分子化学实验是在学习高分子化学理论的基础上开设的一门实验课程。通过高分子化学实验，可以加深对高分子化学基础知识和基本原理的理解，熟练掌握规范的高分子化学实验技术和技能，使学生牢固地掌握高分子合成的理论知识，具有分析和解决问题的能力和实事求是、严谨务实的科学精神。

实验室的安全关系到个人人身安全和国家、集体的财产安全，在进行实验前必须加强安全学习，熟悉安全操作规程，做好安全预案。在高分子化学实验中，经常会使用易燃溶剂及易燃、易爆、有毒、有腐蚀性的试剂，化学试剂的使用不当可能引起着火、爆炸、中毒和烧伤等事故，玻璃仪器和电气设备的使用不当也可能会引起事故。因此，必须要了解和严格遵守实验室安全规范，这是顺利进行高分子化学实验的重要保证。

一、高分子化学实验室安全规范

① 实验之前，应提前做好预习，熟悉相关仪器和设备的使用，实验过程中严格遵守操作规范。

② 了解所用化学试剂的物性和毒性，正确使用化学试剂和做好防护。使用时看好标签，严禁将试剂混合或挪作他用。使用后的盛装容器都必须上盖密封，防止污染环境，防止中毒。

③ 实验室内未经允许，不得动用明火，严禁吸烟。

④ 蒸馏易燃、易爆液体时，必须注意塞子不能漏气，同时保持接液管出气口通畅。减压蒸馏时要戴防护眼镜，以防爆炸。

⑤ 使用水浴、油浴或加热套等进行加热操作时，不能随意离开实验岗位；进行回流和蒸馏操作时，冷凝水不能开得太大，以免水流冲破橡胶管或冲开接口。

⑥ 易燃、易爆、剧毒的试剂，要有专人负责，在专门地方保管，不得随意存放。取用和称量需遵从相关规定。禁止用手直接取剧毒、腐蚀性和其他危险药品，必须使用橡胶手套。严禁用嘴尝一切化学试剂和嗅闻有毒气体。在进行有刺激性、有毒气体或其他危险物实验时，必须在通风橱中进行。

⑦ 实验产生的废液、废料等要放在指定的容器内，不得随意乱倒，严禁将有机废液倒入水槽或下水道。

⑧ 实验完毕，应立即切断电源，关紧水阀。离开实验室时，关好门窗，关闭总电闸，以免发生事故。

⑨ 如果发生火灾，必须保持镇静，立即切断电源，移去易燃物，同时采取正确的灭火

方法将火扑灭。切忌用水灭火。

二、高分子化学实验课程的学习要求

高分子化学实验课程的学习是在教师的指导下，以学生为主，培养学生实验动手能力和基本操作技能的一门实验课程。一个完整的高分子化学实验课由实验预习、实验操作和实验报告三部分组成。

1. 实验预习

在进行一个高分子化学实验项目之前，首先要了解整个实验过程，对于实验项目要有充分准备。要带着问题预习实验，如为什么要做这个实验？怎样顺利完成这个实验？做这个实验会得到什么收获？预习过程要做到看（实验教材和相关资料）、查（重要数据）、问（提出疑问）和写（预习报告和注意事项）。通过预习需要了解以下内容：

① 实验目的和要求；

② 实验所涉及的基础知识、实验原理；

③ 实验的具体过程；

④ 实验所需要的化学试剂、实验仪器和设备以及实验操作；

⑤ 实验过程中可能会出现的问题和解决方法。

2. 实验操作

高分子化学实验一般反应时间较长，在实验过程中需要仔细操作、认真观察和真实记录，应该做到以下几点：

① 认真听指导老师的讲解，明确实验进行过程、操作要点和注意事项。

② 搭建实验装置、加入化学试剂和调节实验条件，按照拟定的步骤进行实验，既要细心又要大胆操作，如实记录化学试剂的加入量和实验条件。

③ 认真观察实验过程中发生的现象，获得实验数据，并如实记录到实验记录表上。

④ 实验过程中应认真分析实验现象和实验数据，并与理论结果相比较。遇到疑难问题，及时向指导老师请教，发现实验结果与理论不符，仔细查阅实验记录，分析原因。

⑤ 实验结束，拆除实验装置，清理实验台面，清洗玻璃仪器和处置废弃化学试剂。实验记录表经指导老师检查后实验人员方可离开实验室。

3. 实验报告

做完实验后，整理实验记录和实验数据，做到以下几点：

① 根据理论知识分析和解释实验现象，对实验数据进行必要处理，得出实验结论，完成实验思考题。

② 将实验结果和理论预测进行比较，分析出现的特殊现象，提出自己的见解和分析。

③ 独立完成实验报告。实验报告应字迹工整，叙述简明扼要，结论清晰明了。完整的实验报告主要包括：实验名称、实验目的、实验原理、实验步骤、实验记录、数据处理与分析、思考题。

第二章

高分子合成化学实验

实验一　膨胀计法测定甲基丙烯酸甲酯本体聚合反应速率

一、实验目的

（1）掌握膨胀计的使用方法。
（2）掌握膨胀计法测定聚合反应速率的原理。
（3）测定甲基丙烯酸甲酯本体聚合反应平均聚合速率。

二、实验原理

甲基丙烯酸甲酯是一种活性高且易于均聚和共聚的单体。工业上通常采用本体浇注法和悬浮法制备它的均聚物。由于甲基丙烯酸甲酯本体聚合时具有易产生自动加速效应、易爆聚、体积收缩率大等特点，所以工业上采用 90℃预聚、40～70℃聚合、120℃后聚合的三段聚合工艺。此外，甲基丙烯酸甲酯还可与其他烯类单体或丙烯酸酯类单体产生共聚，以溶液或乳液聚合方式生产，用于涂料、黏结剂等精细化工行业。

聚甲基丙烯酸甲酯光学性能优良，密度小，力学性能好，耐候性好；其在航空、光学仪器、电子电气、日用品等方面用途广泛。甲基丙烯酸甲酯通过本体聚合可以制得有机玻璃，由于分子链中有庞大侧基存在，为无定形固体，其最突出的性能是具有高度的透明性，密度小，制品比同体积无机玻璃轻巧得多，同时又具有一定的耐冲击性与良好的低温性能，是航空工业与光学仪器制造工业的重要原料，主要用于航空透明材料（如飞机风挡和座舱罩等）、建筑透明材料（如天窗和天棚等）、车辆风挡、光学透镜、医用导光管以及化工耐腐蚀透镜、设备标牌、仪表盘和罩盒、汽车尾灯灯罩、电气绝缘部件及文具和生活用品等。

1. 聚合机理

甲基丙烯酸甲酯的本体聚合是按自由基聚合反应历程进行的，其活性中心为自由基。自由基聚合是合成高分子化学中极为重要的反应，其合成产物约占总聚合物的60%、热塑性树脂的80%以上，是许多大品种通用塑料、合成橡胶和某些纤维的合成方法。甲基丙烯酸甲酯的自由基聚合反应包括链的引发、链增长和链终止。当体系中含有链转移剂时，还可发生链转移反应。其聚合历程如下：

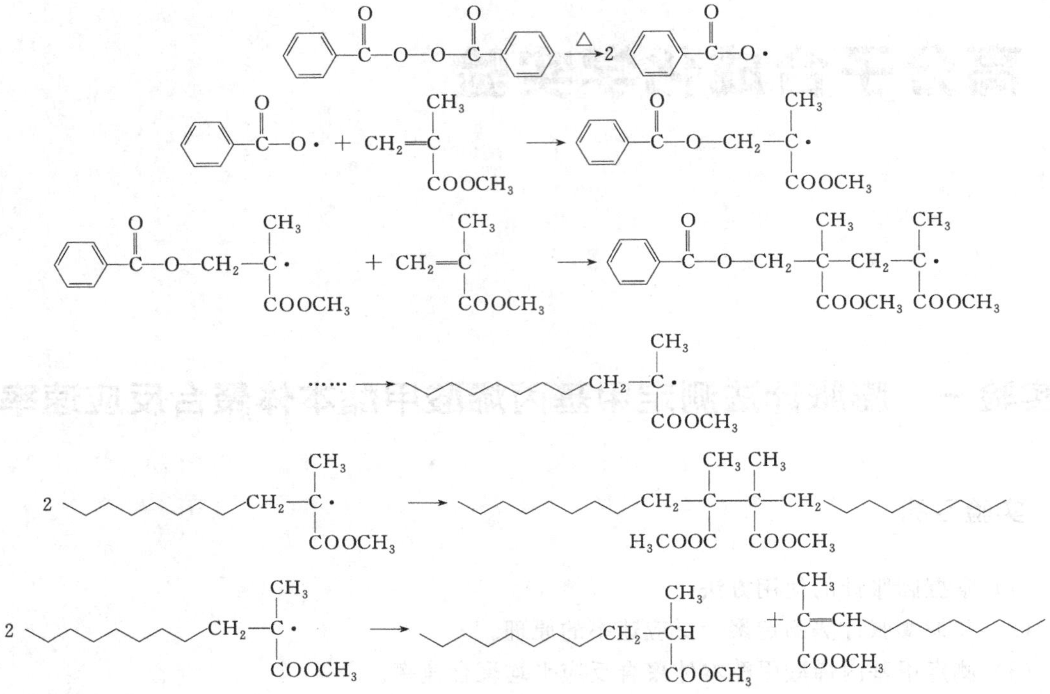

自由基聚合反应通常可采用本体、溶液、悬浮、乳液聚合四种方式实施。其中，本体聚合是只有单体本身在引发剂或催化剂、热、光作用下进行聚合。本体聚合纯度高、工序简单，但随着聚合的进行，转化率提高，体系黏度增大，聚合热难以散出，同时长链自由基末端被包裹，扩散困难，双基终止速率大大降低，致使聚合速率急剧增加而出现自动加速现象，短时间内产生更多的热量，从而引起分子量分布不均，影响产品性能，更为严重的则引起爆聚。因此，甲基丙烯酸甲酯的本体聚合一般采用三段法聚合，而且反应速率的测定只能在低转化率下完成。

2. 反应速率的测定

在聚合过程中，不同的聚合体系和聚合条件具有不同的反应速率。聚合反应速率的测定一般可分为化学方法和物理方法两大类。化学方法是在聚合反应过程中，用化学分析的方法测定生成的聚合物量和残存的单体量。物理方法则是利用聚合反应过程中某物理量的变化测定聚合反应速率，这些参数必须正比于反应物或产物的浓度。

　　本实验采用膨胀计法测定聚合反应速率，基于单体密度小于聚合物密度，因此在聚合过程中体系体积不断缩小，当一定量单体聚合时，体积的变化与转化率成正比。如果将这种体积的变化置于一根直径很小的毛细管中观察，测试灵敏度将大大提高，这种方法就称为膨胀计法。

　　若以 ΔV 表示聚合反应 t 时刻的体积收缩值，则转化率 $C = \dfrac{\Delta V}{V_0 K}$。其中，$V_0$ 为聚合体系起始体积；K 为单体全部转化为聚合物时的体积变化率，即：

$$K = \frac{d_p - d_m}{d_p} \times 100\%$$

式中，d_p 为聚合物密度；d_m 为单体密度。则聚合速率为：

$$R_p = \frac{d[M]}{dt} = \frac{[M]_2 - [M]_1}{t_2 - t_1} = \frac{C_2[M]_0 - C_1[M]_0}{t_2 - t_1} = \frac{C_2 - C_1}{t_2 - t_1}[M]_0$$

式中，t_1 和 t_2 为聚合反应时间，s；$[M]_0$ 为聚合开始前体系中单体的初始浓度，mol/L；$[M]_1$ 和 $[M]_2$ 分别为 t_1 和 t_2 时体系中单体的浓度，mol/L；C_1 和 C_2 分别为 t_1 和 t_2 时体系中单体的转化率，%；R_p 为聚合速率，mol/(L·s)。

　　因此，通过测定某一时刻聚合体系的体积收缩值和转化率，进而作出转化率与时间关系曲线，取直线部分斜率，即可求出平均聚合反应速率。

　　应用膨胀计法测定聚合反应速率既简便又准确，但此法只适用于测量转化率在 10% 反应范围内的聚合反应速率。这是因为只有在聚合反应稳定阶段（10% 以内的转化率）才能用上式求取平均速率，体积收缩呈线性关系。超过此阶段，体系黏度增大，导致自动加速，用上式计算的速率已不是体系的真实速率，而且膨胀计毛细管弯月面的黏附也会导致较大误差。

三、主要试剂与仪器

1. 主要试剂

　　甲基丙烯酸甲酯（除去阻聚剂），聚合级，28mL；过氧化二苯甲酰（精制），化学纯，0.26g±0.05g。

2. 主要仪器

　　毛细管膨胀计一套（图 2-1）、恒温水浴装置一套、50mL 磨口锥形瓶一个、50mL 小烧杯一个、洗耳球一个、20mL 移液管一支、分析天平（最小精度 0.1mg）一台。

四、实验步骤

　　(1) 用移液管将甲基丙烯酸甲酯移入已洗净烘干的 50mL 磨口锥形瓶中，在天平上称 0.26g 已精制的过氧化二苯甲酰放入锥形瓶中，摇匀溶解。

　　(2) 在膨胀计毛细管的磨口处均匀涂抹真空油脂（从磨口上沿计 1/3 范围内），将毛细管口与聚合瓶旋转配合，用橡皮筋固定好，用分析天平精确称量 m_1。

　　(3) 取下膨胀计的毛细管，将已配制好的单体和引发剂溶液缓慢加入聚合瓶至磨口下沿

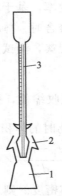

图 2-1　毛细管膨胀计

1—聚合瓶；2—磨口；3—毛细管

往上 1/3 处。将剩余的单体和引发剂溶液倒入小烧杯中，毛细管底部浸入其中，用洗耳球吸取液体至毛细管 1.5mL 刻度左右，再将毛细管口与聚合瓶旋转配合，检查是否严密，防止泄漏。然后仔细观察聚合瓶中和毛细管中的溶液内是否残留有气泡，如有气泡，必须取下毛细管并将磨口重新涂抹真空油脂再装配好。若没有气泡则用橡皮筋固定好，用滤纸把膨胀计上溢出的单体吸干，再用分析天平称重 m_2。

（4）将膨胀计放入已恒温在 50℃±0.1℃ 的恒温水浴中。此时膨胀计毛细管中的液面由于受热而迅速上升。仔细观察毛细管中的液面高度变化。当反应物温度与水浴温度达到平衡时，毛细管液面不再上升，记录此时液面高度，即为反应的起始点。

（5）反应初期，由于体系混有少量杂质，使聚合反应的链引发不能立即开始，毛细管中的液面高度在短时间内保持不变，此时即开始记录数据，每隔 5min 记录一次，这段时间称为诱导期。过了诱导期，液面开始下降，随着反应进行，液面高度与时间呈线性关系。记录 8~10 组数据，大约经过 60min，转化率达 10% 即可停止反应。

（6）从水浴中取出膨胀计，将聚合瓶中的聚合物倒入回收瓶，在小烧杯中用少量丙酮浸泡，用洗耳球不断地将丙酮吸入毛细管中反复冲洗，至毛细管中充满丙酮后迅速流下，干燥即可。

五、结果与讨论

1. 实验参数

（1）聚合体系起始体积 V_0（mL）：

$$V_0 = m/d_m$$

式中，d_m 在 50℃时为 0.94g/mL；m 为膨胀计中聚合液质量，g。

$$m = m_2 - m_1$$

式中，m_1 为聚合装置的质量，g；m_2 为放入单体与引发剂后聚合装置的质量，g。

（2）体积变化率 K：

$$K = \frac{d_p - d_m}{d_p} \times 100\%$$

式中，d_p 在 50℃时为 1.179g/mL。

（3）单体起始浓度 $[M]_0$（mol/L）：

$$[M]_0 = \frac{m/M}{V_0} = \frac{V_0 \times d_m}{M} \times \frac{1}{V_0} \times 10^3 = \frac{d_m}{M} \times 10^3$$

式中，M 为甲基丙烯酸甲酯分子量。

2. 测定聚合速率

按表 2-1 记录数据，计算各参数，绘制转化率（C）与聚合时间 t 关系图，线性回归求得斜率，乘以单体浓度即得聚合初期反应速率。

表 2-1 数据记录表

实验参数	t/s	$T/℃$	V_0/mL	$\Delta V/mL$	$C/\%$

其他需记录的参数包括：m_1（g），m_2（g）。

六、注意事项

（1）本实验所用甲基丙烯酸甲酯必须是新蒸馏的。

（2）在操作过程中，当未用皮筋将毛细管和聚合瓶固定时，一定要将它们分别放好，以防摔碎。另外，尽量不要用手拿聚合瓶，这样会使聚合液受热，毛细管液面波动较大。

（3）若聚合瓶和毛细管的磨口处聚合液多次泄漏，则应更换新的膨胀计。

七、思考题

（1）本体聚合对单体有何要求？

（2）甲基丙烯酸甲酯在聚合过程中为何会产生体积收缩现象？本实验测定聚合速率的原理是什么？如果测定时水浴温度偏高，对实验结果和关系图图形有何影响？

（3）若采用偶氮二异丁腈作引发剂，聚合速率将如何改变？实验过程中有何现象发生？

实验二 乙酸乙烯酯的溶液聚合

一、实验目的

（1）掌握溶液聚合的基本原理和特点，增强对溶液聚合的感性认识。

（2）通过实验了解聚乙酸乙烯酯的聚合特点。

二、实验原理

溶液聚合一般具有反应均匀、聚合热易散发、反应速率及温度易控制、分子量分布均匀等优点。聚合过程中存在向溶剂链转移的反应，使产物分子量降低。因此，在选择溶剂时必须注意溶剂的活性大小。各种溶剂的链转移常数变动很大，水为零，苯较小，卤代烃较大。一般根据聚合物分子量的要求选择合适的溶剂。另外，还要注意溶剂对聚合物的溶解性能。选用良溶剂时，反应为均相聚合，可以消除自动加速效应，遵循正常的自由基动力学规律。若选用沉淀剂时，则成为沉淀聚合，自动加速效应显著。产生自动加速效应时，反应自动加速，分子量增大，而劣溶剂对这两者的影响介于其间，影响程度随溶剂的优劣程度和浓度而定。

聚乙酸乙烯酯是涂料、胶黏剂的重要品种之一，同时也是合成聚乙烯醇的聚合物前驱体。聚乙酸乙烯酯可由本体聚合、溶液聚合和乳液聚合等多种方法制备。通常涂料或胶黏剂用聚乙酸乙烯酯由乳液聚合合成，用于醇解合成聚乙烯醇的聚乙酸乙烯酯则由溶液聚合合成。能溶解乙酸乙烯酯的溶剂很多，如甲醇、苯、甲苯、丙酮、三氯乙烷、乙酸乙酯、乙醇等。由于溶液聚合合成的聚乙酸乙烯酯通常用来醇解合成聚乙烯醇，因此工业上通常采用甲醇作溶剂，这样制备的聚乙酸乙烯酯不需进行分离就可直接用于醇解反应。

本实验以甲醇为溶剂进行乙酸乙烯酯的溶液聚合。根据反应条件的不同，如温度、引发剂量、溶剂等的不同可得到分子量从 2000 到几万的聚乙酸乙烯酯。聚合时，溶剂回流带走反应热，温度平稳。但由于溶剂引入，大分子自由基和溶剂易发生链转移反应使分子量降低。

由于乙酸乙烯酯自由基活性较高，容易发生链转移，反应大部分发生在乙酸基的甲基处，形成链或交链产物。除此之外，还向单体、溶剂等发生链转移反应。所以，在选择溶剂时，必须考虑其对单体、聚合物、分子量的影响，而选取适当的溶剂。

温度对聚合反应也是一个重要的因素。随温度的升高，反应速度加快，分子量降低，同时引起链转移反应速率增加，所以必须选择适当的反应温度。

三、主要试剂和仪器

1. 主要试剂

乙酸乙烯酯（新蒸馏），化学纯，50mL；甲醇，化学纯，40mL；偶氮二异丁腈（AIBN），化学纯，0.21g。

2. 主要仪器

250mL 三口烧瓶一个，冷凝管一支，搅拌器一套，量筒（10mL、20mL、100mL）各一支，温度计一支，恒温水浴装置一套，分析天平（最小精度 0.1mg）一台，培养皿一个，烘箱。

四、实验步骤

（1）按图 2-2 装好仪器。在 250mL 三口烧瓶中，分别加入 50mL 乙酸乙烯酯、0.21g 偶氮二异丁腈和 40mL 甲醇。

（2）开动搅拌，加热升温，将反应物升温至 62℃±1℃，反应约 2.5～3h。

（3）升温至 65℃±1℃，继续反应 0.5h 后，冷却结束聚合反应，取部分产物测定固含量。

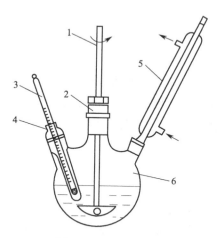

图 2-2　聚合装置图

1—搅拌器；2—聚四氟乙烯密封塞；3—温度计；4—温度计套管；

5—冷凝管；6—三口烧瓶

五、固含量的测定

将已干燥好的培养皿称重（m_0），向培养皿中加入 1.0g 左右样品（精确至 0.0001g）并准确记录（m_1），在烘箱中烘烤至恒重，称量（m_2）。按下式计算固含量（质量分数）：

$$固含量 = \frac{m_2 - m_0}{m_1 - m_0} \times 100\%$$

式中，m_0 为培养皿质量，g；m_1 为干燥前样品质量与培养皿质量之和，g；m_2 为干燥后样品质量与培养皿质量之和，g。

六、注意事项

（1）反应后期，聚合物极黏稠，搅拌阻力较大，可以加入少量甲醇。

（2）聚合产物完全倒出后，可在三口烧瓶中加入 50mL 的乙酸乙酯并置于水浴锅中，加热约 5min 后取出，摇动使其均匀覆盖在瓶内，之后将乙酸乙酯倒入回收瓶；再用水把三口烧瓶清洗干净。

七、思考题

（1）溶液聚合的特点及影响因素有哪些？

（2）溶液聚合法如何选择溶剂？实验中甲醇的作用是什么？

实验三　乙酸乙烯酯的乳液聚合

一、实验目的

（1）掌握实验室制备聚乙酸乙烯酯胶乳的方法。

（2）了解乳液聚合的配方及乳液聚合中各组分的作用。

（3）参照实验现象对乳液聚合各个过程的特点进行对比、认证。

二、实验原理

单体在水相介质中，由乳化剂分散成乳液状态进行的聚合，称为乳液聚合。其主要成分是单体、水、引发剂和乳化剂。引发剂常采用水溶性引发剂。乳化剂是乳液聚合的重要组成部分，它可以使互不相溶的油-水两相，转变为相当稳定难以分层的乳浊液。乳化剂分子一般由亲水的极性基团和疏水的非极性基团构成。根据极性基团的性质，可以将乳化剂分为阳离子型、阴离子型、两性和非离子型四类。

乳化剂的选择对稳定的乳液聚合十分重要，它起到降低溶液表面张力，使单体容易分散成小液滴，并在乳胶粒表面形成保护层，防止乳胶粒凝聚的作用。乙酸乙烯酯（VAc）的乳液聚合最常用的乳化剂是非离子型乳化剂聚乙烯醇（PVA）。聚乙烯醇主要起保护胶体作用，防止粒子相互合并。由于其不带电荷，对环境和介质的 pH 值不敏感，形成的乳胶粒较大。而阴离子型乳化剂，如烷基磺酸钠 RSO_3Na（$R=C_{12}\sim C_{18}$）或烷基苯磺酸钠 $RPhSO_3Na$（$R=C_7\sim C_{14}$），由于乳胶粒外负电荷的相互排斥作用，乳液具有较大的稳定性，形成的乳胶粒小，乳液黏度大。本实验将非离子型乳化剂聚乙烯醇/OP-10 和离子型乳化剂十二烷基磺酸钠按一定比例混合使用，以提高乳化效果和乳液的稳定性。

乙酸乙烯酯胶乳广泛应用于建材、纺织、涂料等领域，主要作为黏结剂使用，既要具有较好的黏结性，而且要求黏度低，固含量高，乳液稳定。聚合反应采用过硫酸盐为引发剂，按自由基聚合的反应历程进行聚合，主要的聚合反应式如下。

$$^-O\overset{\displaystyle O}{\underset{\displaystyle O}{\overset{\|}{\underset{\|}{S}}}}-O-\overset{\displaystyle O}{\underset{\displaystyle O}{\overset{\|}{\underset{\|}{S}}}}O^- \longrightarrow 2\ {}^-O\overset{\displaystyle O}{\underset{\displaystyle O}{\overset{\|}{\underset{\|}{S}}}}O\cdot$$

$$R\cdot + \underset{OCOCH_3}{CH_2{=}CH} \longrightarrow \underset{OCOCH_3}{RCH_2CH\cdot} + \underset{OCOCH_3}{CH_2{=}CH} \longrightarrow \underset{OCOCH_3}{\sim\!\!\!\sim\!CH_2CH\cdot}$$

$$2\ \underset{OCOCH_3}{\sim\!\!\!\sim\!CH_2CH\cdot} \longrightarrow \underset{OCOCH_3}{\sim\!\!\!\sim\!CH_2CH_2} + \underset{OCOCH_3}{\sim\!\!\!\sim\!CH{=}CH}$$

为使反应平稳进行，单体和引发剂均需分批加入。此外，由于乙酸乙烯酯聚合反应放热较大，反应温度上升显著，也应采用分批加入引发剂和单体的方法。本实验分两步加料反应。第一步加入少许的单体、引发剂和乳化剂进行预聚合，可生成颗粒很小的乳胶粒。第二步，继续滴加单体和引发剂，在一定的搅拌条件下使其在原来形成的乳胶粒上继续长大。由此得到的乳胶粒，不仅粒度较大，而且粒度分布均匀。这样保证了胶乳在高固含量的情况下，仍具有较低的黏度。

三、实验仪器及试剂

1. 主要试剂

乙酸乙烯酯，聚合级，64.2mL；聚乙烯醇，工业级（1788 号），5.0g；十二烷基磺酸钠，分析纯，1.0g；OP-10，工业级（20％水溶液），5mL；过硫酸铵，分析纯（20％水溶液），5mL；去离子水，90mL。

2. 主要仪器

250mL 四口烧瓶一个，温度计一支，冷凝管一支，搅拌器一套，100mL 滴液漏斗一个，恒温水浴装置一套，分析天平（最小精度 0.1mg）一台，培养皿一个，烘箱。

四、实验步骤

（1）实验装置如图 2-3 所示，在装有搅拌器、球形冷凝管和温度计的 250mL 四口烧瓶中，加入 90mL 去离子水、5.0g 乳化剂聚乙烯醇（PVA）开始搅拌，并水浴加热。冷凝管通冷却水冷却，水浴温度控制在 90℃左右，使 PVA 完全溶解。

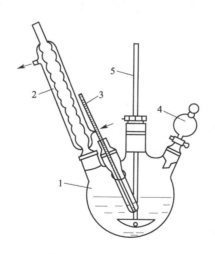

图 2-3　乳液聚合装置
1—四口烧瓶；2—球形冷凝管；3—温度计；4—滴液漏斗；5—搅拌电机及搅拌器

（2）当乳化剂 PVA 溶解后，将体系冷却至 68～70℃，依次加入 1.0g 十二烷基磺酸钠、5mL OP-10、2.5mL 过硫酸铵水溶液引发剂和 21.4mL 乙酸乙烯酯单体。反应 30min 后，加入另一半 2.5mL 过硫酸铵水溶液，并开始滴加剩余 42.8mL 乙酸乙烯酯单体，滴加速度控制在 50～60 滴/min，滴加时注意控制反应温度不变。

（3）当单体加入完毕时，继续反应 50min 后停止搅拌。

（4）将反应体系降至室温，出料，即得到白色黏稠、均匀而无明显粒子的聚乙酸乙烯酯胶乳（即市售的白乳胶）。

五、固含量的测定

将已干燥好的培养皿称重（m_0），向培养皿中加入 1.0g 左右样品（精确至 0.0001g）并准确记录（m_1），在烘箱中烘烤至恒重，称量（m_2）。按下式计算固含量（质量分数）：

$$固含量 = \frac{m_2 - m_0}{m_1 - m_0} \times 100\%$$

式中，m_0 为培养皿质量，g；m_1 为干燥前样品质量与培养皿质量之和，g；m_2 为干燥后样品质量与培养皿质量之和，g。

六、思考题

（1）在实验操作中，单体为什么要分批加入？

（2）为什么要严格控制单体滴加速度和聚合反应温度？

（3）影响聚乙酸乙烯酯胶乳产品质量的主要因素有哪些？

实验四　苯乙烯的悬浮聚合

一、实验目的

（1）了解苯乙烯自由基聚合的基本原理。

（2）掌握悬浮聚合的实施方法，了解配方中各组分的作用。

（3）了解分散剂、升温速度、搅拌速度对悬浮聚合的影响。

二、基本原理

苯乙烯在水和分散剂作用下分散成液滴状，在油溶性引发剂过氧化二苯甲酰引发下进行自由基聚合，其反应历程如下。

悬浮聚合是烯类单体制备高聚物的重要方法。由于水为分散介质，聚合热可以迅速排出，因而反应温度容易控制，生产工艺简单，制成的成品呈均匀的颗粒状，产品不经造粒可直接加工成型。

苯乙烯是一种比较活泼的单体，容易进行聚合反应。苯乙烯在水中的溶解度很小，将其倒入水中，体系分成两层，进行搅拌时，在剪切力作用下单体层分散成液滴，界面张力使液滴保持球形，而且界面张力越大形成的液滴越大，因此在作用方向相反的搅拌剪切力和界面张力作用下液滴达到一定的大小和分布。而这种液滴在热力学上是不稳定的，当搅拌停止后，液滴将凝聚变大，最后与水分层；同时，聚合到一定程度以后的液滴中溶有的发黏聚合物也可使液滴相黏结。因此，悬浮聚合体系还需加入分散剂。

悬浮聚合实质上是借助于较强烈的搅拌和悬浮剂的作用，将单体分散在单体不溶的介质（通常为水）中，单体以小液滴的形式进行本体聚合。在每一个小液滴内，单体的聚合过程与本体聚合相似，遵循自由基聚合一般机理，具有与本体聚合相同的动力学过程。由于单体在体系中被搅拌和悬浮剂作用，被分散成细小液滴，因此悬浮聚合又有其独到之处，即散热面积大，防止了在本体聚合中出现的不易散热的问题。由于分散剂的采用，最后的产物经分离纯化后可得到纯度较高的颗粒状聚合物。

三、主要试剂和仪器

1. 主要试剂

苯乙烯（除去阻聚剂），化学纯，15g（约 16.7mL）；过氧化二苯甲酰（重结晶精制），化学纯，0.35g；聚乙烯醇 1799，1.5%水溶液，25mL；去离子水，130mL。

2. 主要仪器

250mL 三口烧瓶一个，电动搅拌器一套，恒温水浴装置一套，循环水式多用真空泵一套，冷凝管一支，0～100℃温度计一支，50mL 锥形瓶一个，20mL 移液管一支，培养皿一个，吸管一支，布氏漏斗一支，分析天平（最小精度 0.1mg）一台，鼓风干燥箱一台。

四、实验步骤

（1）按图 2-2（见本章实验二）安装好实验装置。

（2）用分析天平准确称取 0.35g 过氧化二苯甲酰放入 50mL 锥形瓶中，再用移液管按配方量取苯乙烯，置于锥形瓶中，轻轻振荡，待过氧化二苯甲酰完全溶解后加入三口烧瓶中。再加入 25mL 1.5% 的聚乙烯醇溶液，最后用 130mL 去离子水分别冲洗锥形瓶和量筒后加入三口烧瓶中。

（3）通冷凝水，启动搅拌并控制在一恒定转速，将温度升至 85～90℃，开始聚合反应。在反应一个多小时以后，体系中分散的颗粒变得发黏，此时一定要注意控制好搅拌速度。在反应后期可将温度升至反应温度上限，以加快反应，提高转化率。当反应 1.5～2h 后，可用吸管取少量颗粒于培养皿中进行观察，如颗粒变硬发脆，可结束反应。

（4）停止加热后，一边搅拌一边用冷水将三口烧瓶冷却至室温，然后停止搅拌，取下三口烧瓶。产品用布氏漏斗过滤，并用热水洗数次。最后产品在 50℃ 鼓风干燥箱中烘干，称量，按下式计算产率：

$$产率 = \frac{聚合物的质量（g）}{单体的质量（g）} \times 100\%$$

五、注意事项

（1）开始时，搅拌速度不宜太快，避免颗粒分散得太细。

（2）保温反应超过 1h 时，由于颗粒表面黏度较大，极易发生黏结。故此时必须十分仔细地调节搅拌速度，千万不能使搅拌停止，否则颗粒将黏结成块。

（3）悬浮聚合产物颗粒的大小与分散剂的用量及搅拌速度有关，严格控制搅拌速度和温度是实验成功的关键。为了防止产物结团，可加入极少量的乳化剂以稳定颗粒。若反应中苯乙烯的转化率不够高，则在干燥过程中会出现小气泡，可在反应后期提高反应温度并适当延长反应时间来解决。

六、思考题

（1）结合悬浮聚合的理论，说明配方中各组分的作用。如将此配方改为苯乙烯的本体或乳液聚合需要做哪些改动？为什么？

（2）分散剂作用原理是什么？其用量大小对产物粒子有何影响？

（3）悬浮聚合对单体有何要求？聚合前单体应如何处理？

实验五　丙烯酰胺的水溶液聚合

一、实验目的

（1）掌握溶液聚合的方法和原理。

（2）学习如何选择溶剂。

二、基本原理

将单体溶于溶剂中而进行聚合的方法称为溶液聚合。生成的聚合物有的溶解有的不溶，前一种情况称为均相聚合，后者则称为沉淀聚合。自由基聚合、离子型聚合和缩聚均可采用溶液聚合的方法。

在沉淀聚合中，由于聚合物处在非良溶剂中，聚合物链处于卷曲状态，端基被包裹，聚合一开始就出现自动加速现象，不存在稳态阶段。随着转化率的提高，包裹程度加深，自动加速效应也相应增强，沉淀聚合的动力学行为与均相聚合有明显不同。均相聚合时，依双基终止机理，聚合速率与引发剂浓度的平方根成正比。而沉淀聚合一开始就是非稳态，随着包裹程度的加深，只能单基终止，故聚合速率将与引发剂浓度的一次方成正比。

在均相溶液聚合中，由于聚合物是处在良溶剂环境中，聚合物处于比较伸展状态，包裹程度浅，链扩散容易，活性端基容易相互靠近而发生双基终止。只有在高转化率时，才开始出现自动加速现象。若单体浓度不高，则有可能消除自动加速效应，使反应遵循正常的自由基聚合动力学规律，因而溶液聚合是实验室中研究聚合机理及聚合动力学等常用的方法之一。

进行溶液聚合时，由于溶剂并非完全是惰性的，其对反应会产生各种影响，选择溶剂时应考虑以下几个问题。

（1）对引发剂分解的影响。偶氮类引发剂（偶氮二异丁腈）的分解速率受溶剂的影响很小，但溶剂对有机过氧化物引发剂有较大的诱导分解作用。这种作用按下列顺序依次增大：芳烃、烷烃、醇类、醚类、胺类，诱导分解的结果使引发剂的引发效率降低。

（2）溶剂的链转移作用。自由基是一个非常活泼的反应中心，它不仅能引发单体分子，而且还能与溶剂反应，夺取溶剂分子的一个原子，如氢或氯，以满足它的不饱和原子价。溶剂分子提供这种原子的能力越强，链转移作用就越强。链转移的结果使聚合物分子量降低。若反应生成自由基活性降低，则聚合速度也将减小。

（3）对聚合物的溶解性能，溶剂溶解聚合物的性能控制着活性链的形态（卷曲或舒展）及其黏度，它们决定了链终止速度与分子量的分布。

与本体聚合相比，溶液聚合体系具有黏度降低、混合及传热较容易，不易产生局部过热以及温度容易控制等优点。但由于有机溶剂费用高，回收困难等原因，溶液聚合在工业上很少应用，只有直接使用聚合物溶液的情况下才应用，如涂料、胶黏剂。浸渍剂和合成纤维纺丝液等采用溶液聚合的方法。

丙烯酰胺为水溶性单体，其聚合物也溶于水。本实验采用水为溶剂进行溶液聚合，其优点是：价廉、无毒、链转移常数小，对单体及聚合物溶解性能好，为均相聚合。

聚丙烯酰胺是一种优良的絮凝剂，水溶性好，被广泛应用于石油开采、选矿、化学工业及污水处理等方面。

三、主要试剂与仪器

1. 主要试剂

丙烯酰胺，化学纯，6g；甲醇，化学纯，25mL；过硫酸铵，化学纯，20%（质量分数）

水溶液，0.35mL；去离子水，120mL。

2. 主要仪器

250mL 三口烧瓶一个，电动搅拌器一套，恒温水浴装置一套，球形冷凝管一支，20mL 移液管一支，0～100℃温度计一支，吸管一支，100mL 烧杯一个，培养皿一个，100mL 量筒一支，分析天平（最小精度 0.1mg）一台。

四、实验步骤

（1）按图 2-2（见本章实验二）安装好实验装置。

（2）6g 丙烯酰胺和 120mL 去离子水加入三口烧瓶中，开动搅拌器，水浴加热至 30℃，搅拌 10min，使单体溶解；然后用移液管量取 0.35mL 20%的过硫酸铵溶液，加入三口烧瓶中，逐步升温到 90℃（注意升温速度不要过快），在 90℃反应 2～2.5h。

（3）反应完毕后，用吸管吸取 2mL 所得产物倒入盛有 25mL 甲醇的烧杯中，边倒边搅拌，聚丙烯酰胺便会沉淀出来，观察沉淀时的现象。

五、黏度的测定

试样冷却至 30℃后，按《涂料黏度测定法》（GB/T 1723—1993）用涂-4 黏度杯测定产物的黏度。在一定温度条件下，测量定量试样从规定直径的孔全部流出的时间，可用于表示反应溶液的黏度，单位为 s。应连续测定两次，取其平均值。

用以下公式可将试样流出时间（s）换算成运动黏度值：

$23s \leqslant t \leqslant 150s$ 时 $\qquad t = 0.223\mu + 6.0$

式中，t 为流出时间，s；μ 为运动黏度，mm^2/s。

涂-4 黏度杯的使用方法详见附录一。

六、结果与讨论

在本次实验中，因不需要得到最终产品，因此实验中各个因素对最终产率的影响无法考究；因此在此只讨论可能对实验造成影响的因素。

（1）溶剂。本实验选用水作为溶剂，水的极性很强，可能会与链自由基发生链转移，形成稳定自由基，不能再引发单体聚合，从而使聚合物分子量降低。

（2）温度的控制。升高温度将加速引发剂分解，从而提高聚合速率，但溶解单体时温度过高，丙烯酰胺会释放出强烈的腐蚀性气体和氮的氧化物类化合物，从而使单体浓度降低，反应速率降低；反应时温度过高，引发剂为过氧化物而具有强氧化性，氧化单体，从而使单体浓度降低，反应速率降低。

（3）引发剂的量。引发剂加入的量较多时，会引入较多的活性中心，反应速率增加，但得到的聚合物的分子量降低；且过硫酸铵是强氧化剂，在反应时可能会氧化单体，而使单体浓度降低，反应速率降低。引发剂自身也可能发生诱导分解，而使引发剂的量无故损耗。

（4）单体浓度。在单体浓度较低时，聚合物分子量随着单体浓度增大而增大，但单体的浓度过大时，反应速度很快，反应产生的热不能及时扩散，从而使局部温度较高，产生的聚合物自由基碰撞概率增加，加快反应的终止速度，可能使得到的聚合物分子量较低。

七、注意事项

（1）使用水浴锅时，水浴锅的外壳不能碰到水，防止短路，破坏仪器；水浴锅底部不可与三口烧瓶接触。

（2）甲醇为有毒的易挥发液体，在使用时注意避免吸入鼻中，使用后要进行回收处理。

（3）沉淀剂的选择符合：①沉淀剂与聚合物完全不溶；②沉淀剂与溶剂要完全互溶；③沉淀剂一般为溶剂的 4～5 倍。

八、思考题

（1）溶解丙烯酰胺时为何温度为 30℃？温度过高时会如何？

（2）在进行聚合反应时要反应 2～3h，其中反应时间的控制是提高分子量还是提高转化率？

（3）实验中引发剂为何选用水溶性的，能否换成油溶性的？

（4）溶液聚合中，产品怎么处理？相关原理是什么？

（5）聚丙烯酰胺有什么用途？

实验六 丙烯酸的反相悬浮聚合

一、实验目的

（1）了解丙烯酸自由基聚合的基本原理。

（2）了解反相悬浮聚合的机理、体系组成及作用。

（3）了解反相悬浮聚合的工艺特点，掌握反相悬浮聚合的基本实验操作方法。

二、基本原理

本实验采用 $K_2S_2O_8$-$NaHSO_3$ 氧化-还原引发体系进行丙烯酸的自由基聚合，主要反应式如下。

$$S_2O_8^{2-} + SO_3^{2-} \longrightarrow SO_4^{2-} + SO_4^- \cdot + SO_3^- \cdot$$

$$R \cdot + CH_2 = CHCOOH \longrightarrow RCH_2CH \cdot \underset{COOH}{|} + CH_2 = CHCOOH \longrightarrow \longrightarrow \sim\sim CH_2CH \cdot \underset{COOH}{|}$$

$$2 \sim\sim CH_2CH \cdot \underset{COOH}{|} \longrightarrow \sim\sim CH_2CH_2 \underset{COOH}{|} \longrightarrow \sim\sim CH = CH \underset{COOH}{|}$$

本实验采用反相悬浮聚合。关于油溶性单体的悬浮聚合原理，在本章实验二中已有详尽论述。很明显，对于像丙烯酸这样的水溶性单体，如要采用悬浮聚合法合成，则不宜再用水作分散介质，而要选用与水溶性单体不互溶的油溶性溶剂作分散介质。相应地，引发剂也应选用水溶性的，以保证在水溶性单体小液滴内引发剂与单体进行均相聚合反应。与本章实验二中常规的悬浮聚合体系相对应，人们习惯上将上述聚合方法称为反相悬浮聚合。除上述体系组成的不同外，在悬浮剂的选择上也有一定的差别。对于正常的悬浮聚合体系，一般选择非离子型的水溶性高分子化合物，如聚乙烯醇、明胶等，或非水溶性无机粉末为悬浮剂。对于油包水型的反相悬浮聚合体系，上述悬浮剂对水溶性液滴的保护则要弱得多。为此，反相悬浮聚合多采用复合型悬浮剂，即加入一些保护作用更强的 HLB 值（亲水亲油平衡值）为 3~6 的油包水型乳化剂组成复合型悬浮剂或只用上述乳化剂作悬浮剂。总体来看，反相悬浮聚合的基本特点与正常的悬浮聚合相似，可参照正常悬浮聚合进行配方设计、反应条件确定和聚合工艺控制。

三、主要试剂和仪器

1. 主要试剂

丙烯酸，聚合级，12mL；$K_2S_2O_8$，分析纯，5.4g；$NaHSO_3$，分析纯，1.2g；Span（斯潘）60，化学纯，1.75g；环己烷，化学纯，85mL。

2. 主要仪器

250mL 三口烧瓶一个，电动搅拌器一套，恒温水浴装置一套，球形冷凝管一支，15mL 移液管一支，50mL 锥形瓶一支，0~100℃温度计一支，吸管一支，布氏漏斗一支，100mL 量筒一个，分析天平（最小精度 0.1mg）一台。

四、实验步骤

（1）按图 2-2（见本章实验二）安装好聚合反应装置，要求安装规范、搅拌器转动自如。

（2）用分析天平准确称取 1.75g Span60，放入三口烧瓶中。加入 50mL 环己烷，通冷凝水，开动搅拌，升温至 40℃，直至 Span60 完全溶解。

（3）用分析天平准确称取 5.4g $K_2S_2O_8$、1.2g $NaHSO_3$ 放于 50mL 锥形瓶中，用移液管移取丙烯酸 12mL，加入锥形瓶中，轻轻摇动；待引发剂完全溶解于丙烯酸中后将溶液倒入三口烧瓶，再用 35mL 环己烷冲洗三口烧瓶后，将环己烷倒入三口烧瓶。

（4）通冷凝水，维持搅拌转速恒定，升温至 45℃，开始聚合反应。反应 2.5h 后，升温至 55℃继续反应 0.5h 后结束反应。

（5）维持原有搅拌转速，停止加热，将恒温水浴中热水换为冷水，反应体系冷却至室温后停止搅拌。

（6）产品用布氏漏斗滤干，再用环己烷洗涤数次，洗去颗粒表面的分散剂。在通风情况下干燥，称重并计算产率。

五、注意事项

与正常的悬浮聚合相同，在整个聚合反应过程中，既要控制好反应温度，又要控制好搅拌速度。反应进行一个多小时后，体系中分散的颗粒由于转化率的增加而变得发黏，这时搅拌速度的微小变化（忽快忽慢或停止）都会导致颗粒黏结在一起，或自结成块或黏结在搅拌器上，致使反应失败。

六、思考题

（1）对比经典悬浮聚合，说明反相悬浮聚合的体系组成和原理。
（2）根据实验现象，说明反相悬浮聚合的机理与工艺控制特点。
（3）参比此体系，再设计一个采用反相悬浮聚合法合成聚丙烯酸的体系。

实验七　甲基丙烯酸甲酯的本体聚合及有机玻璃板的制备

一、实验目的

（1）了解自由基本体聚合的特点和实验方法，着重了解聚合温度对聚合物的影响。
（2）熟悉有机玻璃（聚甲基丙烯酸甲酯，PMMA）型材的制备方法和特点。

二、基本原理

聚甲基丙烯酸甲酯具有优良的光学性能、密度小、力学性能好、耐候性好，在航空、光学仪器、电子电气、日用品等方面有广泛的用途。为保证光学性能，聚甲基丙烯酸甲酯多采用本体聚合法合成。

甲基丙烯酸甲酯的本体聚合是按自由基聚合反应历程进行的，其活性中心为自由基。反应包括链的引发、链增长和链终止；当体系中含有链转移剂时，还可发生链转移反应。其聚合历程可参看本章实验一。

本体聚合是不加其他介质，只有单体本身在引发剂或催化剂、热、光作用下进行的聚合。本体聚合具有合成工序简单，可直接形成制品且产物纯度高的优点。本体聚合的不足是随聚合的进行，转化率提高，体系黏度增大，聚合热难以散出，同时长链自由基末端被包裹，扩散困难，自由基双基终止速率大大降低，致使聚合速率急剧增大而出现自动加速现象，短时间内产生较多的热量，从而引起分子量分布不均，影响产品性能，更为严重的则是引起爆聚。因此，甲基丙烯酸甲酯的本体聚合一般采用三段法聚合，而且反应速率的测定只能在低转化率下完成。

三、主要试剂和仪器

1. 主要试剂

甲基丙烯酸甲酯（精制），化学纯，30g；偶氮二异丁腈，分析纯，0.02g。

2. 主要仪器

100mL 三口烧瓶一个，100mL 锥形瓶一个，电动搅拌器一套，恒温水浴装置一套，球形冷凝管一支，0～100℃温度计一支，吸管一支，玻璃板（76.2mm×25.4mm）两片，橡皮条，分析天平（最小精度 0.1mg）一台。

四、实验步骤

1. 预聚体的制备

（1）称量 0.02g 偶氮二异丁腈、30g 甲基丙烯酸甲酯，置于 100mL 锥形瓶中，混合均匀后，倒入三口烧瓶中，通冷凝水，开动搅拌（实验装置参见本章实验二中图 2-2）。

（2）水浴加热，升温至 75～80℃，反应 20min 后取样。注意观察聚合体系的黏度，当体系具有一定黏度（预聚物转化率 7%～10%）时，则停止加热，并将聚合液冷却至 50℃左右。

2. 有机玻璃板的制备

（1）将作模板的两块玻璃板洗净、干燥，将橡皮条涂上聚乙烯醇糊，置于两玻璃板之间使其粘接起来，注意在一角留出灌浆口，然后用夹子在四边将模板夹紧。

（2）将聚合液加入玻璃夹板模具中，在 60～65℃水浴中恒温反应 2h。

（3）将玻璃夹板模具放入烘箱中，升温至 95～100℃保温 1h，撤除夹板，即得到一透明光洁的有机玻璃薄板。

五、思考题

（1）本体聚合的主要优缺点是什么？

（2）如何克服本体聚合中的自动加速现象？

（3）为什么制备有机玻璃板时引发剂选用 BPO 而不用 AIBN？

实验八　自由基共聚竞聚率的测定

一、实验目的

（1）了解单体浓度对自由基共聚合反应速率的影响，加深对自由基共聚合的理解。

（2）掌握自由基共聚合的方法，学会竞聚率的测定方法。

二、实验原理

由两种或两种以上单体通过聚合反应而得到的聚合物称为共聚物。根据不同单体形成的不同结构在大分子链上的排布情况（即序列结构），共聚物可分为无规共聚物、嵌段共聚物、交替共聚物和接枝共聚物四类。

共聚物在物理性质上与同种单体的均聚物有较大不同，其差异很大程度上依赖于共聚物的组成及序列结构。一般来说，无规共聚物或交替共聚物的性质在同种单体均聚物性质之间，而嵌段或接枝共聚则具有同种均聚物的性质。

共聚物的组成及序列结构在很大程度上取决于参与共聚的单体的相对活性。对于常见的由两种单体 M_1 和 M_2 参与的二元自由基共聚体系，存在四种如下链增长反应。

$$\sim\sim M_1 \cdot + M_1 \xrightarrow{k_{11}} \sim\sim M_1 M_1 \cdot$$

$$\sim\sim M_1 \cdot + M_2 \xrightarrow{k_{12}} \sim\sim M_1 M_2 \cdot$$

$$\sim\sim M_2 \cdot + M_2 \xrightarrow{k_{22}} \sim\sim M_2 M_2 \cdot$$

$$\sim\sim M_2 \cdot + M_1 \xrightarrow{k_{21}} \sim\sim M_2 M_1 \cdot$$

进而可以导出共聚物中两种单体含量之比与上述四个速率常数以及共聚单体浓度的关系式：

$$\frac{d[M_1]}{d[M_2]} = \frac{\dfrac{k_{11}}{k_{12}} \times \dfrac{[M_1]}{[M_2]} + 1}{1 + \dfrac{k_{22}}{k_{21}} \times \dfrac{[M_2]}{[M_1]}} = \frac{r_1 \times \dfrac{[M_1]}{[M_2]} + 1}{r_2 \times \dfrac{[M_2]}{[M_1]} + 1} \tag{1}$$

式中，$r_1 = k_{11}/k_{12}$，$r_2 = k_{22}/k_{21}$，定义为单体 M_1 和 M_2 的竞聚率。竞聚率是共聚合的重要参数，因为它在任何单体浓度下都决定着共聚物的组成。参数 r_1 和 r_2 是独立的变量，它们反映了任一参与共聚的单体所形成的自由基与单体对中每种单体反应的相对速率。r_1 表示自由基 M_1 对单体 M_1 及单体 M_2 反应的相对速率；r_2 表示自由基 M_2 对单体 M_2 及单体 M_1 反应的相对速率。

通过简单的数学换算，式（1）可以改写成各种更有用的形式。比如以 F 代替 $d[M_1]/d[M_2]$，并将单体 M_2 的竞聚率写成单体 M_1 的竞聚率 r_1 的函数形式，可得到方程（2）：

$$r_2 = \frac{1}{F}\left(\frac{[M_1]}{[M_2]}\right)^2 \times r_1 + \left(\frac{[M_1]}{[M_2]}\right)\left(\frac{1}{F} - 1\right) \tag{2}$$

据此，我们可从实验数据求出单体的竞聚率 r_1 与 r_2，式（2）中 F 以及 $[M_1]$、$[M_2]$ 都可由实验测出（在转化率很低时，单体浓度可以用投料时的浓度代替）。对于每一组 F 及单体浓度值，我们都可以根据方程（2）作出一条直线。因方程（2）中 r_1 与 r_2 都是未知数，作图时需首先人为地给 r_1 规定一组数值，然后按方程（2）算出相对于各 r_1 时的 r_2，再以 r_2 对 r_1 作图，便能得出一条直线。如果在不同的共聚单体浓度下做实验，我们就能得到若干条具有不同斜率和截距的直线。这些直线在图上相交点的坐标便是两单体的真实竞聚率 r_1 和 r_2。

相似地，可将方程（2）写成（3）的形式：

$$\left(\frac{[M_1]}{[M_2]}\right)\left(\frac{1}{F}-1\right)=r_2-\frac{1}{F}\left(\frac{[M_1]}{[M_2]}\right)^2\times r_1 \tag{3}$$

因此，只要由实验测得不同 $[M_1]$ 与 $[M_2]$ 时的 F 值便可由作图法求出共聚单体的 r_1 与 r_2 值。为精确起见，实验常常在低转化率下结束。这时 $[M_1]$ 与 $[M_2]$ 可由投料组成决定，只需测定共聚物中两共聚单体成分含量的比值 F。

有许多方法可以测定共聚物中的各单体成分的含量。本实验介绍用紫外分光光度法和红外光谱法测定共聚物组成的原理和方法。

用红外光谱法测定共聚物组成时，假定共聚物中某单体成分的浓度 c（mol/L）与该成分在某红外光谱上的吸收波长上的吸收率 A 的关系符合朗伯-比尔定律：

$$A=\varepsilon bc$$

式中，b 为样品厚度；ε 为所测成分的摩尔吸收系数。ε 可由该单体的均聚物和共聚物样品同一波长上的吸收率 A 与均聚物中单体结构单元的摩尔浓度求得。于是 b 和 ε 为已知，只要测定各共聚物样品在同一波长的吸收率 A 便可算出共聚物中该单体的浓度 c。

用紫外光谱测定共聚物组成，先用两个单体的均聚物作出工作曲线。其过程是：将两均聚物按不同配比溶于溶剂中制成一定浓度的高分子共混溶液，然后用紫外分光光度计测定某一特定波长下的摩尔消光系数。在该波长下，共混溶液的摩尔消光系数 K [L/(mol·cm)] 与两均聚物的摩尔消光系数 K_1 [L/(mol·cm)] 与 K_2 [L/(mol·cm)] 有如下关系式：

$$K=xK_1+(1-x)K_2=K_2+x(K_1-K_2)$$

式中，x 为摩尔消光系数为 K_1 的均聚物在共混物中的摩尔分数；$(1-x)$ 为摩尔消光系数为 K_2 的另一均聚物的摩尔分数。由不同配比共混物的 K 值对配比 x 作图，所得直线即为工作曲线。假定共聚物中两单体成分的含量及摩尔消光系数的关系满足上式，则可根据在相同的实验条件下测得的共聚物摩尔消光系数 K 从工作曲线上找到该共聚物的组成值。

表 2-2 比较了用不同方法测得的几个苯乙烯与甲基丙烯酸甲酯的共聚物样品中甲基丙烯酸甲酯（MMA）的摩尔分数。

表 2-2　共聚物样品中甲基丙烯酸甲酯的摩尔分数

样品	共聚物中 MMA 的摩尔分数/%				
	元素分析法	红外光谱法	紫外分光光度法	核磁共振法	折射率法
1	74.4	74.0	78.5	73.5	72.8
2	58.1	53.0	57.7	—	57.0
3	42.2	41.0	48.5	40.2	41.5
4	23.0	23.5	18.7	24.1	21.5

三、主要试剂和仪器

1. 主要试剂

苯乙烯，分析纯；甲基丙烯酸甲酯，分析纯；偶氮二异丁腈，分析纯，200mg；氯仿，分析纯，10mL；甲醇，化学纯。

2. 主要仪器

15mm×200mm 试管 5 支、翻口塞一个、注射器两支、恒温水浴装置一套、紫外分光光度计一台。

四、实验步骤

（1）制备一组配比不同的聚苯乙烯（PS）和聚甲基丙烯酸甲酯（PMMA）的混合物的氯仿溶液，溶液中聚合物组成单元的摩尔比如表 2-3 所示。

表 2-3　组成单元的摩尔比

样品	PMMA	PS	摩尔消光系数
1	0	100	
2	20	80	
3	40	60	
4	60	40	
5	70	30	
6	100	0	

（2）用紫外分光光度计测定波长在 265nm 处的摩尔消光系数，根据测定结果作出工作曲线。

（3）制备共聚物样品。取 5 支 15mm×200mm 试管，洗净，烘干，塞上翻口塞。在翻口塞上插入两根注射针头，一根通氮气，一根作为出气孔，将 200mg 偶氮二异丁腈溶解在 10mL 甲基丙烯酸甲酯（MMA）中作为引发剂。

（4）用注射器在编好号码的 5 支试管中分别加入如下数量的新蒸馏 MMA 单体和苯乙烯（St）单体（表 2-4）。

表 2-4　数据记录

试管号	单体 MMA/mL	单体 St/mL
1	3	16
2	7	12
3	11	8
4	13	6
5	19	—

（5）用一支 1mL 注射器向每支试管中注入 1mL 引发剂溶液，将 5 支试管同时放入 80℃恒温水浴中并记录时间。从 1 号到 5 号 5 支试管的聚合时间分别控制为 15min、15min、30min、30min、15min。

（6）用自来水冷却每支由水浴中取出的试管，倒入 10 倍体积量的甲醇中，将聚合物沉淀出来。聚合物经过滤抽干后溶于少量氯仿，再用甲醇沉淀一次，将聚合物过滤出来并放入 80℃真空烤箱中干燥至恒重。

（7）将所得各聚合物样品制成摩尔浓度约 10^{-3}mol/L 氯仿溶液，在 265nm 波长下测定溶液的摩尔消光系数 K。对照工作曲线求出各聚合物的组成,然后按照公式(2)或公式(3)用作图法求 r_1 与 r_2。

五、思考题

(1) 测定共聚合单体竞聚率有哪些方法?各自有何优缺点?

(2) 苯乙烯与甲基丙烯酸甲酯共聚单体在自由基共聚与离子型共聚中表现出不同的竞聚率,请解释其原因。

(3) 为什么某些不能均聚合的单体能与其他单体进行共聚反应?

(4) 根据讨论中提出的单体和自由基的空间和极性要求以及它们的相对活性,估计下列单体对在进行自由基共聚合时的竞聚率值:苯乙烯-乙酸乙烯酯、苯乙烯-甲基丙烯酸甲酯、丙烯酸甲酯-顺丁烯二酸酐、氯乙烯-丙烯腈。比较其估计值与实验测定的数值。实验测定的数值可从《聚合物手册》中查出。

(5) 运用 Alfrey-Price 方程得到的 Q 和 e 有何含义?高 Q 值和低 Q 值之间有什么结构上的差别?正 e 值和负 e 值之间有什么结构上的差别?

实验九　苯乙烯-顺丁烯二酸酐的交替共聚

一、实验目的

(1) 了解苯乙烯和顺丁烯二酸酐共聚反应的基本原理和实验方法。

(2) 了解高分子化学反应的特点。

(3) 测定苯乙烯-顺丁烯二酸酐共聚物的组成。

二、实验原理

苯乙烯-顺丁烯二酸酐的共聚反应是以苯为溶剂、以偶氮二异丁腈为引发剂进行的溶液聚合。由于生成的聚合物不溶于溶剂而沉淀析出,因而其又称为沉淀聚合。

顺丁烯二酸酐由于结构对称,极化程度低,在一般条件下很难发生均聚,但是它很容易与苯乙烯发生共聚。这是因为顺丁烯二酸酐双键两端带有两个吸电子能力很强的酸酐基团,使酸酐中的碳碳双键上的电子云密度降低,因而具有正电性。而苯乙烯具有共轭体系的结构,电子的流动性相当大,电子云容易漂移。在正电荷的顺丁烯二酸酐的诱导下,苯环的电荷向双键移动,使碳碳双键上的电子云密度增加,从而带有部分的负电荷。这两种带有相反电荷的单体构成了电子受体-电子给体体系,在静电作用下很容易形成一种电荷转移配位化合物。这种配位化合物可看成为一个大单体,在引发剂作用下发生自由基聚合反应,形成交替共聚物结构。

另外,由单体的极性度量 e 值和竞聚率可以判断共聚物的结构。由于苯乙烯的 e 值为

—0.8，顺丁烯二酸酐的 e 值为 2.25，二者相差较大，因此发生交替共聚的可能性很大。60℃时，苯乙烯（M_1）和顺丁烯二酸酐（M_2）的竞聚率分别为 $r_1=0.01$、$r_2=0$，由共聚物摩尔比微分方程可得：

$$\frac{d[M_1]}{d[M_2]}=1+r_1\frac{[M_1]}{[M_2]}$$

当惰性单体顺丁烯二酸酐的用量远大于苯乙烯时，这二者的共聚物是接近交替共聚的产物。

本实验中苯乙烯-顺丁烯二酸酐共聚物的测定是基于共聚物中酸酐的反应。首先，共聚物用过量的氢氧化钠溶解，剩余的氢氧化钠用盐酸滴定定量，这样就可求得共聚物的组成。

由于共聚物与氢氧化钠的反应是高分子化学反应，具有反应速度较慢，反应不易完全等特点。因此，共聚物与 NaOH 反应中，溶解是实验成败的关键因素之一。

苯乙烯-顺丁烯二酸酐共聚物简称 SMAn 树脂。SMAn 树脂具有耐热性及优良的力学性能，但耐冲击性较差，为改善 SMAn 树脂的耐冲击性能，可在聚合反应中加入橡胶。若将苯乙烯-顺丁烯二酸酐共聚物皂化、磺化、半酯化或以胶类中和，可以合成水溶性树脂，可应用于颜料分散剂、皮革处理剂、印刷油墨、黏结剂、乳化剂、润滑剂及上浆剂等。

三、仪器与试剂

1. 主要试剂

苯乙烯，化学纯，6.2g；顺丁烯二酸酐，化学纯，5.9g；偶氮二异丁腈，分析纯，0.020～0.025g；苯，化学纯，100mL；NaOH 溶液，0.5mol/L，20mL；HCl 溶液，0.5mol/L；酚酞指示剂；蒸馏水。

2. 主要仪器

电动搅拌器一套，调压变压器一个，封闭式电炉一个，恒温水浴装置一套，250mL 四口烧瓶一个，球形冷凝管一支，0～100℃温度计一支，氮气导管一支，1000mL 烧杯一个，250mL 锥形瓶两个，培养皿一个，氮气袋一个，酸式滴定管一支，100mL 量筒一支，20mL 移液管一支，布氏漏斗过滤装置一套，分析天平（最小精度 0.1mg）一台。

四、实验步骤

1. 共聚物的合成

(1) 在 250mL 四口烧瓶上装上温度计、搅拌器、球形冷凝管及氮气导管。

(2) 将 100mL 苯、5.9g 顺丁烯二酸酐加入四口烧瓶中，加热并搅拌。升温至 50℃后，顺丁烯二酸酐全部溶解，冷却至室温。

(3) 加入 6.2g 苯乙烯和 0.020～0.025g 偶氮二异丁腈（精确称取），通入氮气 10min，然后加热至反应温度 75～77℃。

(4) 反应过程中，注意观察现象，当反应物渐渐变稠、搅拌困难时，停止反应（约 1h）。冷却后将产物倒出，用布氏漏斗过滤，滤液倒入回收瓶中。

(5) 将滤瓶置于 1000mL 大烧杯内，用水洗至 pH 值为 7 后用 60℃蒸馏水洗涤，用布氏漏斗过滤抽干。将产品置于培养皿中，在真空烘箱中于 60℃ 烘干，称量计算产率。

2. 共聚物组成的测定

（1）在两个 250mL 锥形瓶中，分别加入经研细的共聚产物 0.5g（精确至小数点后三位），用移液管各加入 20mL、0.5mol/L 的 NaOH 溶液。

（2）在锥形瓶上装球形冷凝管，在沸水浴上加热，待物料完全反应，呈无色透明后，用少量蒸馏水洗冷凝管，取下锥形瓶。

（3）样品冷却至室温后，加三滴酚酞指示剂，用标准盐酸溶液滴定至无色即为终点。

（4）平行滴定两个样品，按下式计算共聚物中顺丁烯二酸酐的质量分数，取其平均值。

$$w_{M_2} = \frac{98.06 \times (c_{NaOH}V_{NaOH} - c_{HCl}V_{HCl})}{2 \times w_{共} \times 1000}$$

式中，c_{NaOH} 和 c_{HCl} 分别为氢氧化钠溶液和盐酸溶液的浓度，mol/L；V_{NaOH} 和 V_{HCl} 分别为所用氢氧化钠溶液和盐酸溶液的体积，mL；$w_{共}$ 为共聚物质量，g；w_{M_2} 为顺丁烯二酸酐质量分数。

五、注意事项

（1）共聚时，反应瓶应干燥，不能有水，否则实验易失败。

（2）沉淀聚合自动加速效应使反应自动加速，在反应过程中，要控制好温度，避免由于反应放热而引起冲料。

（3）为提高产率，可在反应后期，将反应温度升至 80℃。

六、思考题

（1）合成苯乙烯-顺丁烯二酸酐共聚物及测定该共聚物组成的基本原理是什么？

（2）对所得共聚物的产率及共聚物组成的实验值与计算值进行比较，并分析原因。

（3）苯乙烯-顺丁烯二酸酐共聚物与氢氧化钠溶液的反应是高分子化学反应，试比较高分子化学反应与低分子化学反应的异同点。

实验十　丙烯腈-丁二烯-苯乙烯树脂的制备

一、实验目的

（1）掌握乳液悬浮法制备 ABS 树脂的原理和方法。

（2）掌握 ABS 树脂的分离和纯化方法。

二、实验原理

ABS 树脂是由丙烯腈、丁二烯和苯乙烯聚合制得，是一个两相体系，连续相为丙烯腈和苯乙烯的共聚物 AS 树脂，分散相为接枝橡胶和少量未接枝的橡胶。因此，ABS 树脂既保持了橡胶增韧塑料的高冲击性能、优良的力学性能及聚苯乙烯的良好加工流动性，同时又由于丙烯腈的引入而具有较大的刚性、优异的耐药性和易于着色性。

ABS 树脂可用注塑、挤出、真空、吹塑及辊压等成型法加工为塑料，还可用机械、黏合、涂层、真空沉积等方法进行二次加工。ABS 树脂综合性能优良，用途比较广泛，主要用于工程材料。由于其耐油和耐酸、碱、盐及化学试剂等性能良好，并具有可电镀性，镀上金属层后有光泽好、密度小、价格低等优点，可用来代替某些金属，还可合成自熄型和耐热型等许多品种，以适应各种用途。

ABS 树脂有共混型和接枝型两种，接枝型 ABS 树脂可由本体法和乳液法制备。目前，工业上主要采用连续乳液法进行接枝共聚合，即将苯乙烯、丙烯腈单体混合后加入聚丁二烯或苯乙烯含量低的丁苯乳胶中进行接枝共聚合。乳液悬浮法是近年来发展起来的一种新的聚合方法，属于乳液法。这种方法与本体法相比，反应条件稳定，散热容易，且橡胶含量可以任意控制；同时，又克服了乳液法后处理困难的缺点，易处理、易干燥。

乳液悬浮法制备 ABS 树脂分为两个阶段进行。第一阶段是乳液接枝聚合，它主要是解决橡胶的接枝和橡胶粒径的增大。ABS 树脂中分散相橡胶粒径的大小必须在一定范围内（$0.2 \sim 0.3 \mu m$）才有良好的增韧效果。以乳液法制备的乳胶（在此为丁苯乳胶）粒径通常只有 $0.04 \mu m$，在 ABS 树脂中不能满足增韧的要求，故必须进行粒径扩大。粒径扩大的方法很多，本实验中采用最简单的溶剂扩大法，即以反应单体本身作溶剂使其渗透到橡胶粒子中去。此法也有利于提高橡胶的接枝率。橡胶接枝的作用有两点：一是增加连续相与分散相的亲和力；二是给橡胶粒子接上一个保护层，以避免橡胶粒子间的合并。接枝橡胶的制备成功与否，是决定 ABS 树脂性能好坏的关键。此阶段的反应如下。

此外，还有游离的 St-AN 共聚物和少量未接枝的游离橡胶。

第二阶段是悬浮聚合，它的作用有两点：一是进一步完成连续相 St-AN 共聚物的制备；二是在体系中加盐破乳，并在分散剂的存在下使其转化为悬浮聚合。

三、仪器与试剂

1. 主要试剂

丁苯乳胶，45g（含干胶16g）；苯乙烯，化学纯，9g；丙烯腈，化学纯，21g；叔十二硫醇，化学纯，0.136g；过硫酸钾（KPS），化学纯，0.1g；偶氮二异丁腈（AIBN），化学纯，0.056g；十二烷基硫酸钠，化学纯，0.32g；液体石蜡，0.15g；$MgCO_3$ 溶液，4.5%（质量分数），38g；$MgSO_4$，化学纯，4.5g；浓硫酸，98%（质量分数）；蒸馏水。

2. 主要仪器

电动搅拌器一套，球形冷凝管一支，0～100℃温度计一支，250mL 三口烧瓶一个，滤网一个，普通切片机一台，洗耳球一个，载玻片一个，滴瓶一个，不锈钢镊子一个，氮气瓶一个，烘箱一台，分析天平（最小精度 0.1mg）一台。

四、实验步骤

1. 乳液接枝聚合

在装有搅拌器、球形冷凝管、温度计及通氮气管的 250mL 三口烧瓶里，加入丁苯乳胶 45g，苯乙烯和丙烯腈（30∶70）混合单体 16g，蒸馏水 39g。通氮气，开动搅拌器，升温至 60℃，让其渗透 2h，然后降温至 40℃，向体系内加入十二烷基硫酸钠 0.32g，过硫酸钾 0.1g 和蒸馏水 44g。升温至 60℃，保持 2h；65℃保持 2h，70℃保持 1h，降温至 40℃以下出料。用滤网过滤除去析出的橡胶，得到接枝液。

2. 悬浮聚合

在装有搅拌器、球形冷凝管、温度计及通氮气管的 250mL 三口烧瓶中，加入质量分数为 4.5%的 $MgCO_3$ 溶液 38g、蒸馏水 26g。开动搅拌器，在快速搅拌下慢慢滴加接枝液。通氮气升温至 50℃时，加入溶有 0.056g 偶氮二异丁腈的苯乙烯和丙烯腈（30∶70）混合单体 14g，投料完毕，升温至 80℃反应。粒子下沉变硬后，升温至 90℃熟化 1h，100℃熟化 1h，降温至 50℃以下出料。

倾去上层液体，加入蒸馏水，用浓硫酸酸化到 pH 值为 2～3，然后用蒸馏水洗至中性。将聚合物抽干，在 60～70℃烘箱烘干，即得 ABS 树脂。

$MgCO_3$ 溶液（质量分数为 4.5%）的配制：在装有搅拌器、球形冷凝管的 5000mL 三口烧瓶中，加入 212g Na_2CO_3、2140mL H_2O，升温至 60℃，恒温，在搅拌下使 Na_2CO_3 溶解。将 492g $MgSO_4 \cdot 7H_2O$ 和 1350mL H_2O 放入 2000mL 烧杯中，升温至 60℃，通过搅拌使之溶解。用虹吸管将 $MgSO_4$ 水溶液吸入 Na_2CO_3 溶液中，滴加速度要快，温度一定要保持在 58～60℃。升温至 90～100℃，恒温 2h。注意：升温至 90℃时，30min 后体系内可能黏稠，搅拌不动，应加快搅拌速度。

五、注意事项

（1）丙烯腈有毒，不要接触皮肤，更不能误入口中。

（2）$MgCO_3$ 溶液[4.5%（质量分数）]质量要求：粒子细腻，沉降速度慢，在 500mL 的量筒中，一夜沉降量在 50mL 以内。$MgCO_3$ 的质量与用量的合适与否是悬浮聚合能否成功的关键。

六、思考题

（1）ABS 树脂的制备有哪几个阶段？

（2）橡胶接枝的作用是什么？

实验十一　引发剂分解速率常数的测定

一、实验目的

（1）掌握引发剂分解速率测定的基本原理和方法。
（2）了解有关引发剂方面的一些基本知识。

二、实验原理

引发剂是一种能在热、光、辐射等作用下分解产生初级自由基，并能引发单体聚合的物质，在自由基聚合反应中具有十分重要的作用。引发剂的种类和用量对聚合反应速率和聚合物的分子量影响很大。一定温度下，对某一单体来说，其聚合速率在很大程度上取决于引发剂的分解速率，因此研究和测定引发剂的分解速率对聚合反应的控制具有很高的实用价值。

引发剂的品种繁多，性质各异，按化学组成来分，大致可分为过氧化物和偶氮化物两大类。按自由基的产生方式来分，又可分为热引发（包括光、热辐射）体系和氧化还原体系，在偶氮化合物中，偶氮二异丁腈是最常见的引发剂之一。偶氮二异丁腈是白色结晶或结晶性粉末，不溶于水，溶于乙醚、甲醇、乙醇、丙醇、氯仿、二氯乙烷、乙酸乙酯、苯等，多为油溶性引发剂。遇热分解，多在 45～80℃使用，其分解反应是一级反应，无诱导分解，只产生一种自由基，比较稳定，储存安全，广泛用于聚合动力学研究和工业生产。缺点则是其有一定的毒性，分解效率低，属于低活性引发剂。

引发剂在加热时分解，产生初级自由基，由于各原子间的键能大小差别较大，故均裂反应往往发生在键能最小的地方。在偶氮二异丁腈结构中，C—N 键的键能最小，均裂就在此处发生，产生了异丁腈自由基，同时释放出氮气。

$$(CH_3)_2C-N=N-C(CH_3)_2 \longrightarrow 2(CH_3)_2\overset{\bullet}{C} + N_2 \qquad (1)$$
$$\overset{|}{CN} \qquad\quad \overset{|}{CN} \qquad\qquad\qquad \overset{|}{CN}$$

大多数引发剂的分解反应属于一级反应，式（1）也是如此。其分解速率与引发剂浓度的一次方成正比，即：

$$-\frac{\mathrm{d}[I]}{\mathrm{d}t} = k_d[I]$$

式中，k_d 是引发剂分解速率常数，s^{-1} 或 min^{-1} 或 h^{-1}；$[I]$ 是引发剂浓度，mol/L。

将上式积分得：
$$\ln\frac{[I]}{[I]_0} = -k_d t \qquad (2)$$

或

$$\frac{[I]}{[I]_0} = e^{-k_d t}$$

式中，$[I]_0$ 和 $[I]$ 分别表示引发剂的起始浓度（$t=0$）和时间 t 时的浓度，mol/L。

由式(1)可以看出，1mol偶氮二异丁腈分解，可以释放1mol氮气，而氮气的体积在温度恒定时与引发剂浓度之间有着正比关系。假定分解反应在80℃分解完全，全部产生的氮气体积V_∞与偶氮二异丁腈的起始浓度$[I]_0$成正比，那么$(V_\infty - V_t)$则与t时的浓度$[I]$成正比（V_t为t时刻已放出的氮气的体积），代入式(2)整理可得：

$$\ln \frac{V_\infty}{V_\infty - V_t} = k_d t$$

或

$$\lg \frac{V_\infty}{V_\infty - V_t} = \frac{k_d}{2.303} t$$

这是一个直线方程，以$\lg \dfrac{V_\infty}{V_\infty - V_t}$对$t$作图，直线的斜率是$k_d/2.303$。本实验就是在80℃的恒温下，在甲苯中偶氮二异丁腈分解时，不断测定t时刻系统中放出的氮气体积V_t，通过作图而求出分解速率常数k_d。知道了分解速率常数k_d，还可以求出引发剂的半衰期，即引发剂分解至起始浓度一半所需的时间，以$t_{1/2}$表示，将$[I] = 1/2[I]_0$代入式(2)，可得半衰期与分解速率常数k_d之间有如下关系式：

$$t_{1/2} = \frac{\ln 2}{k_d} = \frac{0.693}{k_d}$$

由上式可知，一级反应的半衰期与反应物浓度无关。

引发剂的活性可用分解速率常数k_d或半衰期$t_{1/2}$表示。在某一温度下，分解速率常数越大，或半衰期越短，则引发剂的活性越高。在科学研究上，多用分解速率常数k_d表示，在工程技术上，则多用半衰期$t_{1/2}$表示，单位取h。

三、仪器与试剂

1. 主要试剂

碳酸钠，化学纯，0.136g；甲苯（已蒸馏），化学纯，45mL；偶氮二异丁腈（重结晶），化学纯，100~200mg；酚酞指示剂。

2. 主要仪器

电动搅拌器一套，球形冷凝管一支，0~100℃温度计一支，250mL三口烧瓶一个，滤网一个，普通切片机一台，洗耳球一个，载玻片一个，滴瓶一个，不锈钢镊子一个，氮气瓶一个，烘箱一台，50mL带支管的圆底磨口烧瓶一个，恒温水浴装置一套，耐压管3个，玻璃管一支（弯度约130℃），三通一个，50mL量气管一个，0~100℃温度计一支，橡胶管一根，250mL水准瓶一个，分析天平（最小精度0.1mg）一台。

四、实验步骤

(1) 将50mL带支管的圆底磨口烧瓶在80℃的恒温水浴中固定，用三个耐压管分别按顺序将烧瓶的支管、一根弯度约130℃的玻璃管、三通和量气管的顶部连接起来。量气管垂直固定，中间外壁缚一支温度计，用以指示管内温度。量气管底部通过一根橡胶管与水准瓶连接，水准瓶内装入碳酸钠溶液，加入几滴酚酞使其显红色，放置在铁圈上。

装好装置后，首先要检查装置系统是否漏气。方法是：将烧瓶用活塞塞好，活塞旋向与大气相通的位置，抬高水准瓶，使量气管内的液面升到最高处，然后将活塞旋向与大气断开的位置，使烧瓶与量气管相通，降低水准瓶的位置并固定。此时量气管的液面稍有下降，停一段时间后，如果液面一直保持在同一高度，说明系统不漏气。如果液面继续下降，说明系统密闭性不好，应检查原因，采取相应措施。

（2）往烧瓶中加入 45mL 蒸馏过的甲苯。使用装有氮气进口瓶的橡胶管，将橡皮塞紧密地塞在烧瓶口上，进气管应到达烧瓶的底部。调整活塞，将水准瓶提高到使液面充满量气管的高度，使系统中的空气排出，缓慢通入氮气流，使甲苯发泡 20min。排气的目的是排出系统中的氧气。

将玻璃管的一端在喷灯上烧熔，在石棉板上压成平底从而制成样品容器。将其平底再放在分析天平上，精确称取 100～200mg 偶氮二异丁腈，由样品质量确定在标准温度和压力下产生的氮气体积，记下气压表的压力，并假定在整个实验过程中保持不变。

（3）取下氮气进口瓶，将烧瓶与大气断开，停 2min 使系统达到平衡。打开塞子，用镊子将样品容器垂直放入，塞上塞子，记录时间（作为零时）和量气管内液面的高度（作为起始刻度）。由于在氮气产生前会有一个诱导期，所以不必通过搅拌混合物来加快偶氮二异丁腈的溶解速度，不过，当全部固体都消失后要记录时间。注意观察量气管内液面的高度，如果液面下降，说明已有氮气放出，记录此时的时间和氮气放出体积。在每次读数时，应将水准瓶和量气管的液面调至水平，以后每隔 5min，记录一次体积，直至氮气放出速度显著减慢为止，记下量气管壁的温度。

五、数据处理

（1）实验条件下样品完全分解放出氢气的体积 V_∞ 由下式求得：

$$V_\infty = \frac{nRT}{p_{N_2}} = \frac{nRT}{p - p_{H_2O} - p_{甲苯}}$$

式中，p_{N_2} 为系统中氮气的蒸气压，mmHg（1mmHg=133.322Pa）；p 为当时的大气压，mmHg；p_{H_2O} 为量气管温度下水蒸气压，mmHg；$p_{甲苯}$ 为量气管温度下甲苯的蒸气压，mmHg。

$$\lg p_{甲苯} = A - \frac{B}{C + t(℃)}$$

式中，$A = 6.95464$；$B = 1344.8$；$C = 219.482$。

（2）实验数据按表 2-5 格式填入。

表 2-5　数据记录表

时间 t/min	体积 V_t/mL	$\lg \dfrac{V_\infty}{V_\infty - V_t}$
……	……	……

最后以 $\lg \dfrac{V_\infty}{V_\infty - V_t}$ 对 t 作图，以直线的斜率求出偶氮二异丁腈的分解速率 k_d。

六、注意事项

（1）仪器安装好后，要仔细检查系统是否漏气，如密封不好，不能开始实验。

（2）放入样品容器时，最好竖直向上，如倒扣里面，则影响样品溶解。

（3）读量气管刻度时，一定要以水准瓶和量气管内的液面在同一水平线上为准，否则数据不准确。

（4）不要忘记记下当时的大气压和量气管的温度，否则无法处理实验数据。

七、思考题

（1）本实验所用的仪器能用来测定过氧化苯甲酰放出来的 CO_2 吗？为什么？

（2）根据所测的分解速率 k_d，求 AIBN 的半衰期 $t_{1/2}$。

（3）如果 AIBN 在 60℃时的分解速率是 $6.4 \times 10^{-4} min^{-1}$，则此过程的活化能是多少？

（4）如何正确读取量气管中液面的高度？

实验十二　苯乙烯的阴离子聚合

一、实验目的

（1）掌握苯乙烯的阴离子聚合方法。

（2）了解苯乙烯的阴离子聚合反应机理。

二、实验原理

阴离子聚合（也称为负离子聚合）是指生长链活性中心为阴离子的聚合，也是离子聚合的一种类型。在无水、无氧、无二氧化碳和完全不存在任何转移剂的情况下，阴离子聚合可实现无终止的活性计量聚合，即反应体系中所有活性中心同步开始链增长，不发生链终止、链转移等反应，活性中心能长时间保持活性，这是阴离子聚合较其他聚合的明显特点。阴离子聚合是目前实现高分子材料设计合成的有效手段，可以聚合得到分子量分布很窄的聚合物。

阴离子聚合的单体一般是带吸电子取代基的单体，如共轭烯类、羰基化合物、含氧三元杂环化合物以及含氮杂环化合物等都可以成为阴离子聚合的单体。阴离子聚合的引发剂主要是碱金属、有机碱金属化合物等。各种引发剂的引发反应能力与它们的亲核性以及单体的结构有关，因此选择时应注意其与单体的匹配。

阴离子聚合大多采用溶液聚合的方法，所用溶剂一般为烷烃、芳烃等，如硝基苯、二甲基甲酰胺（DMF）、乙二醚等。由于活性中心极易与活泼氢等反应，因此对参与聚合反应的各组分要求严格，需高度纯化，应完全隔绝并除去空气、水分和杂质等，加上活性中心以多种离子对平衡的形式存在，因而影响阴离子聚合的因素很多，工艺比较复杂。

用 $n\text{-}C_4H_6Li$ 引发剂进行苯乙烯阴离子聚合。

$$n CH=CH_2 + n\text{-}C_4H_9Li \longrightarrow \overline{}CH-CH_2\overline{}_n$$

其链引发、链增长和链终止过程如下。

1. 链引发

链引发是引发剂分子中阴离子与单体加成，形成碳阴离子活性中心；引发速度很快，生成苯乙烯阴离子，呈红色。反应式如下：

$$C_4H_9Li + CH_2=CH \longrightarrow C_4H_9-CH_2-\overset{-}{C}H\overset{+}{L}i$$

2. 链增长

引发反应所生成的活性中心继续与单体加成，形成活性增长链。反应式如下：

$$C_4H_9-CH_2-\overset{-}{C}H\overset{+}{L}i + nCH_2=CH \longrightarrow C_4H_9\overline{}CH_2-CH\overline{}_n CH_2-\overset{-}{C}H\overset{+}{L}i$$

该活性链在无水无氧、完全不存在任何转移剂的情况下是不会终止的，所以阴离子聚合是无终止反应。如果再加入新的苯乙烯单体，链继续增长，黏度很快增大，为"活性"高聚物。其聚合反应速率（R_p）可以用下式表示：

$$R_p = k_p[M^-][M]$$

式中，$[M]$ 为单体浓度；$[M^-]$ 为活性链浓度，可用加入的引发剂浓度表示。

阴离子聚合反应速率比自由基聚合速率大得多，这是活性中心的浓度不同所致。在一般情况下，阴离子聚合时高分子活性链的浓度 $[M^-]$ 为 $10^{-3}\sim10^{-2}\,mol/mL$，而自由基聚合反应的活性链浓度 $[M\cdot]$ 为 $10^{-9}\sim10^{-7}\,mol/mL$。所以，一般阴离子反应速率比自由基聚合速率大 $10^4\sim10^7$ 倍。

聚合物的平均聚合度由单体投料浓度 $[M]$ 和引发剂浓度 $[C]$ 来计算：

$$\overline{X}_n = \frac{[M]}{[C]}$$

如果链增长是通过双阴离子活性中心进行，则：

$$\overline{X}_n = \frac{2[M]}{[C]}$$

所得聚合物分子量分布很窄，是单分散性。

3. 链终止

$$C_4H_9\text{-}[CH_2\text{-}CH]_n\text{-}CH_2\text{-}\overset{-}{C}H\overset{+}{L}i + CH_3OH \longrightarrow C_4H_9\text{-}[CH_2\text{-}CH]_n\text{-}CH_2\text{-}CH_2$$

阴离子聚合所制备的聚苯乙烯常用于标样。

三、仪器与试剂

1. 主要试剂

苯乙烯，聚合级，2mL，无水氯化钙干燥数天，减压蒸馏，储于棕色瓶中；环己烷，化学纯，8mL，分子筛干燥蒸馏；正丁基锂溶液；纯氮（99.99%）；甲醇，化学纯，60mL。

2. 主要仪器

大试管一支，单孔橡皮塞一个，短玻璃管一段，听诊橡胶管一根，止血钳一个，注射器和长针头各两个，3A分子筛，真空油泵，氮气流干燥系统；真空干燥箱一台，恒温水浴装置一套。

四、实验步骤

取一支大试管，配上单孔橡皮塞和短玻璃管及一根听诊橡胶管，接上氮气流干燥系统。抽真空通氮气，反复三次，以排除试管中的空气。在减压下用止血钳夹住橡胶管，用注射器注入8mL环己烷和2mL苯乙烯，摇匀，用注射器先缓慢注入少量 $n\text{-}C_4H_6Li$，不时摇动，以消除体系中残余杂质。接着加入预先设计计算好的 $n\text{-}C_4H_6Li$ 量（按所需产物分子量计算）。此时，溶液立即变成红色（为苯乙烯阴离子的颜色），在50℃水浴中加热30min，取出，注入0.5mL甲醇终止反应，或直接拿下止血钳通入空气终止反应，红色很快消失。把聚合物溶液在搅拌下加到50mL甲醇中使其沉淀，抽滤得到白色聚苯乙烯，放在50℃真空干燥箱中烘干至恒重，计算转化率。

五、注意事项

(1) 所用仪器必须洁净并绝对干燥。
(2) 反应体系必须保持无水无氧。
(3) 采用99.99%的纯氮。

六、思考题

(1) 离子聚合为什么要在无水无氧条件下进行？水与氧对聚合起什么作用？
(2) 离子聚合反应的特点是什么？

实验十三　苯乙烯的阳离子聚合

一、实验目的

1. 了解苯乙烯阳离子聚合原理。
2. 掌握通过阳离子聚合方法制得聚苯乙烯。

二、实验原理

阳离子聚合是由阳离子活性中心引发的聚合反应。带有苯基、乙烯基等取代基团的共轭烯类单体如苯乙烯、丁二烯等既能进行自由基聚合，又能进行阴、阳离子聚合。苯乙烯在 $SnCl_4$ 作用下进行阳离子聚合的基元反应如下。

1. 链引发

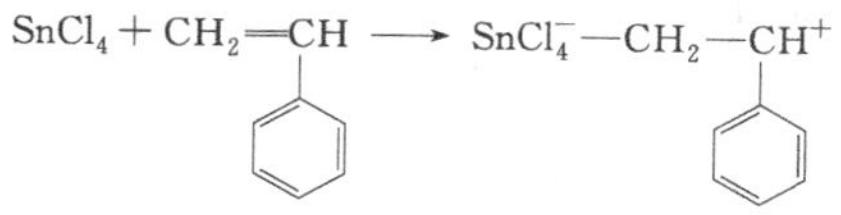

2. 链增长

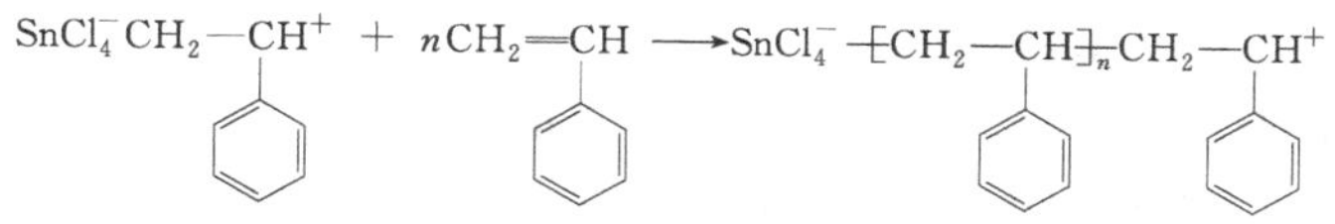

3. 链终止

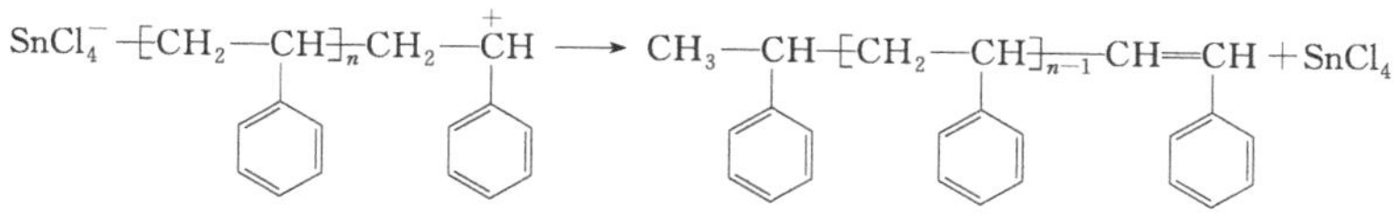

在这一反应中，聚合速率与苯乙烯浓度的平方、生成的 $SnCl_4$ 浓度成正比，聚合物的分子量与苯乙烯浓度成正比，而与催化剂浓度无关。若反应剧烈，必须使用溶剂；催化剂应逐渐加入，苯乙烯的浓度不应超过 25%。

三、主要试剂与仪器

1. 主要试剂

苯乙烯（干燥、新蒸馏），化学纯，35g；$SnCl_4$（干燥、真空蒸馏），化学纯，0.8g；CCl_4（干燥），化学纯，100mL；甲醇或乙醇，工业级，500mL。

2. 主要仪器

250mL 三口烧瓶一个，0～100℃温度计一支，球形冷凝管一支，塑料滴管若干，恒温水浴装置一套，电动搅拌器一套，电炉一台，布氏漏斗过滤装置一套，真空干燥箱一台，分析天平（最小精度 0.1mg）一台。

四、实验步骤

在 250mL 三口烧瓶中加入 100mL 四氯化碳和 35g 新蒸馏的苯乙烯。烧瓶放入水浴中，开动搅拌器，用滴管逐步加入 $SnCl_4$ 0.8g。经过一定的诱导期以后，聚合开始。调节水浴温度，使反应温度稳定在 25℃下进行聚合。聚合反应进行 3h 后，将聚合物溶液在大量的醇溶液中进行沉析，然后用布氏漏斗进行分离。聚合物用醇洗涤多次，在空气中进行初步干燥后，在真空干燥箱内（60～70℃）干燥至恒重，计算聚合物的收率。

五、注意事项

（1）密闭操作，加强通风。
（2）操作人员应严格遵守操作规程。
（3）建议操作人员佩戴过滤式防毒面具（半面罩），戴化学安全防护眼镜，穿防毒物渗透工作服，戴橡胶耐油手套。
（4）远离火种、热源，工作场所严禁吸烟。
（5）使用防爆型的通风系统和设备。
（6）防止蒸气泄漏到工作场所的空气中。
（7）避免与氧化剂、酸类接触。
（8）灌装时应控制流速，且有接地装置，防止静电积聚。
（9）搬运时要轻装轻卸，防止包装及容器损坏。
（10）配备相应品种和数量的消防器材及泄漏应急处理设备。
（11）倒空的容器可能残留有害物。

六、思考题

（1）为什么阳离子聚合中所用的原料必须是干燥的？
（2）影响阳离子聚合的因素有哪些？

实验十四　苯乙烯-丁二烯-苯乙烯三嵌段共聚物的制备

一、实验目的

（1）掌握阴离子聚合的实验原理及反应特征。

（2）学习三步加料法合成苯乙烯-丁二烯-苯乙烯三嵌段共聚物（SBS）的实验方法和技术。

（3）掌握分子量设计的计算方法，并合成预定分子量的三嵌段 SBS 共聚物。

二、实验原理

阴离子聚合是链式聚合反应的一种，包括链引发、链增长和链终止三个基元反应。

链引发：苯乙烯在引发剂作用下发生负离子加成反应，形成负离子末端，称为活性中心。以正丁基锂为例，正丁基锂与苯乙烯单体加成，形成碳负离子活性中心，引发速度快，生成的苯乙烯负离子呈橘红色，其反应如下。

$$n\text{-}C_4H_9Li + CH=CH_2 \longrightarrow n\text{-}C_4H_9-CH_2-\overset{-}{C}H\overset{+}{Li}$$

1. 链增长

引发反应生成的负离子活性中心继续与苯乙烯单体进行加成反应，逐渐形成聚合物活性链，颜色保持橘红色。

$$n\text{-}C_4H_9-CH_2-\overset{-}{C}H\overset{+}{Li} + nCH=CH_2 \longrightarrow n\text{-}C_4H_9-[CH_2-CH]_n-CH_2-\overset{-}{C}H\overset{+}{Li}$$

2. 链终止

阴离子活性中心非常容易与带有活泼氢的水、醇、酸等终止剂发生反应，而使负离子活性中心消失，聚合反应终止。

$$n\text{-}C_4H_9-[CH_2-CH]_n-CH_2-\overset{-}{C}H\overset{+}{Li} + H_2O/ROH \longrightarrow n\text{-}C_4H_9-[CH_2-CH]_n-CH_2-CH_2 + LiOH/ROLi$$

也可加入 CO_2、环氧乙烷等合成末端带有官能团的聚合物。

$$\sim\sim\overset{-}{S}\overset{+}{Li} + CO_2 \longrightarrow \sim\sim SCOO\overset{-}{}\overset{+}{Li} \overset{H^+}{\longrightarrow} \sim\sim SCOOH$$

$$\sim\sim\overset{-}{S}-Li + CH_2-CH_2(O) \longrightarrow \sim\sim SCH_2-CH_2\overset{-}{O}-Li \overset{H^+}{\longrightarrow} \sim\sim SCH_2CH_2OH$$

链终止剂可以通过净化原料、净化体系从聚合反应体系中除去，以避免终止反应，因此阴离子聚合可以做到无终止、无转移，即活性聚合。在活性聚合体系中，聚合反应可以不停地进行下去，直至单体的转化率达到 100%，再加入新的单体，增长反应可以继续进行。如果所加入的新单体与所聚合的单体相同，则得到的聚合物是均聚物；如果不同，则得到的聚合物就是共聚物。

工业上苯乙烯-丁二烯-苯乙烯三嵌段共聚物（SBS）的合成就是以正丁基锂为引发剂，并以苯乙烯、丁二烯、苯乙烯三步加料法生产的。

$$n\text{-Bu}\{CH_2-HC\}_n CH_2-CH-Li^+ + mH_2C=CH-C=CH_2 \longrightarrow$$

（结构式中：苯基、CH₃ 等）

$$n\text{-Bu}\{CH_2-HC\}_n\{CH_2-CH=C-CH_2\}_m CH_2-C=C-CH_2Li^+ + nHC=CH_2 \longrightarrow$$

$$n\text{-Bu}\{CH_2-HC\}_n\{CH_2-CH=C-CH_2\}_m\{CH_2-CH\}_n$$

SBS 是一种热塑性弹性体，在常温下显示橡胶弹性，高温下又能像塑料一样加工成型。由于聚苯乙烯与聚丁二烯的内聚能不同，固态时呈两相分离结构。常温下聚苯乙烯起到类似橡胶的大分子链间的交联点作用，约束材料受拉伸时分子链间产生大的滑动，而聚丁二烯则提供材料的弹性；高温时，聚苯乙烯塑化流动，整个材料又可塑化成型。SBS 主要用于塑料改性、制鞋、黏结剂等。

三、主要仪器和试剂

1. 主要试剂

苯乙烯，聚合级，6g；丁二烯，聚合级，14g；正丁基锂溶液（0.8mmol/mL），自制，0.25mL；四氢呋喃（THF），分析纯，0.033mL；环己烷，分析纯，适量；乙醇，化学纯，适量；2-乙烯基吡啶，化学纯，适量；活性聚苯乙烯，自制，适量；防老剂 264，适量。

2. 主要仪器

500mL 聚合釜一套，1000mL 吸收瓶一个，加料装置（图 2-4）一套，30mL、1mL 注射器各一支，9 号注射针头一支，ϕ5mm×10mm 乳胶管一段，ϕ5mm 玻璃管一支，ϕ40mm 称量瓶一个，止血钳一个，分析天平（最小精度 0.1mg）一台，溶剂瓶一个。

聚合装置如图 2-5 所示。

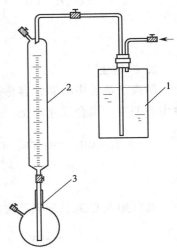

图 2-4 加料装置
1—溶剂瓶；2—加料管；
3—丁二烯吸收瓶

四、配方设计

配方设计如下。单体浓度为 8%，苯乙烯与丁二烯的质量比为 30：70，分子量为 100000，总投料量为 20g，正丁基锂浓度为 0.8mmol/mL（实验中可不同），[THF]/[活性中心]=2。

计算过程如下。三嵌段单体质量比为苯乙烯：丁二烯：苯乙烯＝15：70：15；第一段苯乙烯加料量为 20×15%＝3g，分子量为 15%×100000＝15000；第二段丁二烯加料量为 20×70%＝14g，分子量为 70%×100000＝70000；第三段苯乙烯加料量为 20×15%＝3g，分子量为 15%×100000＝15000；活性中心为[(3/15000)×1000]＝[(14/70000)×1000]＝

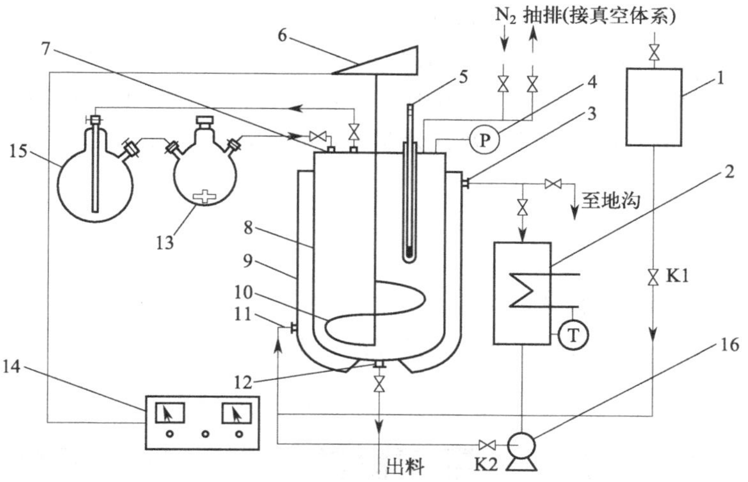

图 2-5　聚合装置

1—冷水箱；2—恒温水浴箱；3—出水口；4—压力表；5—温度计；

6—搅拌电机；7—进料口；8—反应釜；9—水浴夹套；10—搅拌桨；

11—进水口；12—出料口；13—引发剂进料口；14—控速箱；15—吸收瓶；16—水泵

0.2mmol，则正丁基锂溶液用量为 $V=0.2/0.8=0.25mL$；四氢呋喃用量：物质的量 n（THF）为 $0.2\times2=0.4mmol$，质量 m（THF）为 $(0.4\times72.1)/1000=0.029g$，体积 V（THF）为 $0.029/0.883=0.033mL$。

五、实验步骤

（1）开动聚合釜抽真空，充高纯氮气，反复两次。在氮气保护下用活性聚苯乙烯清洗聚合釜，开启加热泵加热循环水至 60℃。

（2）将加料管、吸收瓶接入真空体系，用检漏剂检查体系，保证体系不漏。然后抽真空、充氮，反复三次，待冷却后取下。

（3）第一段加料：配制苯乙烯的环己烷溶液，用注射器将计量的苯乙烯溶液和四氢呋喃迅速加入聚合瓶，并用止血钳封住针孔。

（4）用 1mL 注射器抽取正丁基锂，逐滴加入聚合瓶中；同时，密切观察颜色变化，直至出现淡茶色且不消失为止，将聚合液加入聚合釜。

（5）第一段聚合：迅速加入计量的引发剂，60℃下反应 30min。

（6）第二段加料：把吸收瓶取下，加入定量溶剂，然后将吸收瓶放入冰水浴中，用称重法吸收气化的丁二烯至预定值。取 50mL 溶液置于聚合瓶中，加入两滴 2-乙烯基吡啶，滴加正丁基锂至溶液中出现橘黄色且不立即褪色为止。按比例用正丁基锂除去杂质，然后将溶液加入聚合釜中。

（7）第二段聚合：60℃下反应 90min。

（8）第三段加料：重复苯乙烯溶液的配制和除去杂质步骤，在丁二烯反应 90min 后，将溶液加入聚合釜。

（9）第三段聚合：60℃下反应 30min。

（10）后处理：将少量聚合液、防老剂 264 放入工业乙醇中，搅拌，将聚合物沉淀。倾去上层清液，将聚合物放入称量瓶中，在真空干燥箱中干燥，称重，测定产率。可用凝胶渗透色谱仪（GPC）测定产物的分子量及其分布，用红外光谱仪测定微观结构。

六、思考题

（1）两步法合成 SBS 的路线是什么？

（2）聚合反应中是否会形成均聚物和两嵌段共聚物？为什么？

实验十五　三聚甲醛的阳离子开环聚合

一、实验目的

（1）了解三聚甲醛阳离子开环聚合的特点

（2）熟悉聚甲醛的制备和端基保护的方法。

二、实验原理

三聚甲醛可在质子酸或 Lewis（路易斯）酸引发下进行阳离子开环聚合反应。由于三聚甲醛中常含有微量的杂质甲酸，因此可以不另加引发剂，而是采用加热的方法使它发生聚合反应。选用引发剂时，要求引发剂具有高活性，并能使反应达到高转化率、产物具有高分子量（30000～50000）以及操作安全等条件。较为适用的引发剂为三氟化硼乙醚（$BF_3 \cdot Et_2O$）配合物，它活性高、易从聚合物中除去，室温下为液态，能够溶解于二氯乙烷、石油醚等溶剂，适用于三聚甲醛的溶液聚合。

以 $BF_3 \cdot Et_2O$ 作引发剂时，三聚甲醛的聚合反应过程如下。

（1）单体与引发剂发生络合交换反应形成活性中心，从而完成链引发反应：

$$BF_3\text{-}Et_2O + H_2O \Longleftrightarrow H^+[BF_3OH]^- + Et_2O$$

（2）单体不断与活性中心反应使聚合链进行增长：

（3）链终止反应一般是通过链转移反应进行的，如与水的链转移反应：

$$HOCH_2OCH_2OCH_2—(OCH_2)_n—OCH_2^+[BF_3OH]^-+H_2O \longrightarrow$$
$$HOCH_2OCH_2OCH_2(OCH_2)_nOCH_2OH$$

从上述反应式可以发现聚甲醛的端基为半缩醛，稳定性差。为了提高聚甲醛的稳定性，可以使用乙酸酐使聚甲醛端羟基酯化；也可以采用共聚的方法在聚合物链中引入稳定的链节，经热碱处理除去末端的半缩醛结构。

聚甲醛（POM）是一种没有侧基、高密度、高结晶性的线型聚合物，具有优异的综合性能，吸水性小，尺寸稳定，有光泽，是高度结晶的树脂，在热塑性树脂中最为坚韧。聚甲醛的抗热强度、弯曲强度和耐疲劳性能均高，耐磨性和电性能优良，是一种表面光滑、有光泽的硬而致密的材料。它的耐磨性和自润滑性也比绝大多数工程塑料优越，有良好的耐油、耐过氧化物性能，不耐酸，不耐强碱，不耐太阳光紫外线辐射。聚甲醛经端基稳定化处理后耐热温度可达230℃。

聚甲醛可在170～220℃温度下加工，如注射、挤出、吹塑等，主要用于工程塑料，还可用于汽车、机械部件等。聚甲醛具有很低的摩擦系数和很好的几何稳定性，特别适合于制作齿轮和轴承。由于聚甲醛耐高温，还可用于管道器件、草坪设备等。

三、主要试剂与仪器

1. 主要试剂

三聚甲醛，化学纯，4g；二氯乙烷，化学纯，20mL；无水$CaCl_2$，适量；丙酮，化学纯，50mL；$BF_3 \cdot Et_2O$溶液，0.04mL；正庚烷，化学纯，60mL；乙酸酐，化学纯，6mL；吡啶，化学纯，5mL；蒸馏水，适量。

2. 主要仪器

250mL二口烧瓶、三口烧瓶各一个，聚合管一个，注射器一个，注射针头一个，电动搅拌器一套，玻璃砂芯漏斗一个，回流冷凝管一支，真空干燥箱一台，分析天平（最小精度0.1mg）一台。

四、实验步骤

（1）单体和溶剂的精制。使用二氯乙烷重结晶三聚甲醛，纯化的单体置于真空干燥器中除溶剂并保存。溶剂二氯乙烷使用无水$CaCl_2$干燥后蒸馏。

（2）三聚甲醛的阳离子开环聚合。在氮气流下，向干燥的二口烧瓶中加入4g（0.0025mol）经纯化干燥的三聚甲醛及20mL二氯乙烷，塞上翻口橡皮塞，关闭氮气瓶。用注射器将$BF_3 \cdot Et_2O$溶液0.04mL注入聚合瓶中，室温电磁搅拌下反应，观察现象。反应1h后，有白色粉末状（或纤维状）沉淀，过滤，用50mL丙酮分两次洗涤，滤干后，在真空干燥箱内60℃下干燥1h，计算产率。

（3）聚甲醛的端基封闭。取3g三聚甲醛、60mL正庚烷、6mL乙酸酐和5mL吡啶，加入带有回流冷凝管的250mL三口烧瓶中，电磁搅拌下加热回流反应3h。过滤，用蒸馏水洗涤至中性，再用丙酮洗涤聚合物。滤干后，在真空干燥箱内 60℃下干燥 1h，计算产率。

五、注意事项

无水操作，即反应物和溶剂需彻底除水，反应容器需彻底干燥，移取物料和搭建反应装置时避免引入水分，在绝对无水的条件下进行聚合反应。

六、思考题

(1) 阳离子开环聚合反应有什么特点？

(2) 在三聚甲醛的阳离子开环聚合中单体能否完全聚合？为什么？

(3) 在实验过程中，有哪些环节可能引入水分？

(4) 如何测定聚甲醛的封端率？

实验十六　己内酰胺的开环聚合

一、实验目的

(1) 加深对开环聚合反应原理和特点的理解。

(2) 掌握己内酰胺的开环聚合方法。

二、实验原理

内酰胺单体的聚合能力依赖于环的大小。五元环 γ-丁内酰胺能在低温下进行阴离子聚合，生成的聚酰胺在引发剂存在时于 60～80℃下会发生解聚生成单体，六元环 δ-戊内酰胺也能聚合。七元环 ε-己内酰胺可以进行阳离子聚合，也可以在水的作用下先生成 ω-氨基己酸再生成聚合物，还可以进行阴离子聚合而生成高分子量的聚合物。己内酰胺开环聚合生成线型聚合物可以采用多种方式进行，水引发（也被称为水解聚合）是己内酰胺工业化生产最常用的方法。阴离子引发特别适用于铸型聚合，阳离子引发由于转化率和聚合物分子量都相当低而没有应用价值。

工业上在 5%～10%（质量分数）的水存在下，将 ε-己内酰胺在 250～270℃下加热12～14h 进行水解聚合反应，常将 ω-氨基己酸与水一起加入，从反应开始，伯氨基和羧基就存在于反应体系中，而不必等内酰胺水解产生这些基团。己内酰胺转化成聚合物的总速率比 ω-氨基己酸的速率要大一个数量级，所以开环聚合反应是生成聚合物的主要途径。为了得到高分子量的聚合物，在转化率达 80%～90% 时要将用于引发聚合的大部分水除去。

碱金属和金属烷氧化物可以通过生成内酰胺阴离子来引发内酰胺的聚合反应，聚合过程中与普通阴离子增长反应不同的是单体的阴离子加到增长链的内酰胺键上，增长速率取决于内酰胺阴离子和增长链的浓度。添加酰基化剂如酰氯、酸酐、异氰酸酯与内酰胺反应生成 N-酰基内酰胺，可以消除反应诱导期，提高反应速率。

己内酰胺在阴离子引发剂存在下高温聚合，聚合物的分子量开始时很高。随着反应混合物长时间加热而下降，最后达到平衡状态。分子量的这种变化是由增长链与生成的聚酰胺分子间的酰胺交换反应导致的，即所谓的链段交换反应。

聚己内酰胺的商品名为尼龙 6，其物理性质、力学性质和尼龙 66 相似。然而，尼龙 6 的熔点较低，加工温度范围较宽，抗冲击性和抗溶剂性比尼龙 66 好。尼龙 6 的吸湿性较高，不适宜应用于吸湿性要求严格的制品。为了提高尼龙 6 的使用性能，经常加入各种改性剂。加入玻璃纤维可以提高其力学性能，降低纤维方向的收缩率；加入 EPDM（三元乙丙橡胶）和 SBR 等橡胶可以提高抗冲击性能。

本实验采用本体聚合方法，分别以 ω-氨基己酸和钠作为引发剂进行己内酰胺的开环聚合，可以分组进行不同条件下的聚合以进行比较。

三、主要试剂与仪器

1. 主要试剂

己内酰胺，化学纯，33g；ω-氨基己酸，化学纯，2g；钠，0.1g；二甲苯，化学纯，5mL；环己烷、五氧化二磷、间甲苯酚等适量。

2. 主要仪器

100mL 三口烧瓶一个，50mL 二口烧瓶一个，电动搅拌器一套，温度计（0～300℃）一支，导气管一支，直形冷凝管一支，加热套一个，玻璃棒一支，氮气钢瓶一个，100mL 烧杯一个，玻璃套管一支，干燥管一支，分析天平（最小精度 0.1mg）一台。

四、操作步骤

1. ω-氨基己酸作为引发剂

己内酰胺用环己烷重结晶两次，并于室温下经 P_2O_5 真空干燥 48h。如图 2-6 所示，在 100mL 三口烧瓶上装配机械搅拌器、温度计、导气管和直形冷凝管，抽真空、充氮气三次以除去反应瓶中的空气。在氮气流下加入 18g 己内酰胺和 2g ω-氨基己酸，用加热套加热至体系熔融，于 140℃下开动机械搅拌器。不断升温至 250℃，继续反应 5h，生成几乎无色的高黏度熔融物，用玻璃棒蘸少许聚合物，可以拉出长丝。趁聚合物处于熔融状态，迅速将产物倒入烧杯中冷却，所得尼龙 6 在 216℃左右熔融，其中含有少量环状低聚物，可用热水萃取除去。在间甲苯酚中测定聚合物的黏度。

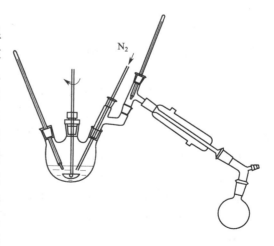

图 2-6 本体开环聚合装置

2. 用阴离子引发剂引发

在 50mL 二口烧瓶上接一玻璃套管，另一口塞上橡皮塞，然后抽真空、充氮气三次。在氮气流下加入 15g 己内酰胺，将烧瓶加热到 90℃ 左右使单体熔融，并将玻璃套管上的毛细管插入液体中，缓慢通入氮气，另一口改接干燥管。将 0.1g 钠分散在 5mL 二甲苯中形成细粒，然后加入熔融的己内酰胺中。升高温度至 260℃，自行开始聚合，约 5min 结束。可以通过氮气泡在反应体系中上升的速率来观察。趁热将聚合物迅速倒入烧杯中冷却，在间甲苯酚中测定黏度。如果聚合物在 260℃ 下保持时间过长，则链降解变得明显。

五、思考题

（1）比较己内酰胺开环聚合两种聚合方式的差异。

（2）根据己内酰胺阴离子开环聚合的特点设计新的实验方案以便在较低的温度下进行聚合，给出必要的实验条件。

实验十七　线型脂肪族聚酯——聚己二酸乙二醇酯的合成

一、实验目的

（1）掌握熔融缩聚合成线型脂肪族聚酯的原理和实验方法。

（2）了解影响平衡缩聚的因素及控制方法。

（3）了解缩聚反应过程中反应程度和平均聚合度的变化。

二、实验原理

线型缩聚反应的特点是单体的双官能团间相互反应，同时析出副产物。在反应初期，由于参加的官能团数目较多，反应速度较快，转化率较高，单体间相互形成二聚体、三聚体，最终生成高聚物。

影响聚酯反应程度和平均聚合度的因素，除单体结构外，还有反应条件如配料比、催化剂、反应温度、反应时间、去水程度等。配料比对反应程度和分子量的影响很大，体系中任何一种单体过量都会降低反应程度；采用催化剂可大大加快反应速度；提高温度也能加快反应速度，提高反应程度，同时促使反应产生的低分子产物尽快离开反应体系，使平衡向着有利于高聚物的方向移动。因此，水分去除越彻底，反应程度越高，分子量越大。可采用提高体系温度、降低体系压力、加速搅拌、通入稀有气体等方法。另外，反应未达平衡前，延长反应时间也可提高反应程度和分子量。本实验由于实验设备、反应条件和时间的限制，不能获得较高分子量的产物，只能通过测定反应程度了解缩聚反应的特点及其影响因素。

在聚合过程中反应程度的监测是实验的重要步骤，可以采用羟基滴定法或羧基滴定法测定反应体系各残留官能团的含量，进一步求得产物的数均分子量，并与设计值比较。合成结束后，产物进行必要的纯化和干燥，用气相渗透法（VPO 法）准确测定分子量。

聚己二酸乙二醇酯（PEA）是一种具有良好生物降解性的线型脂肪族聚酯树脂，结晶度低，分子链段柔软。低分子量聚己二酸乙二醇酯是由己二酸与过量乙二醇酯化生成的饱和聚酯多元醇，是制备聚氨酯涂料的一种羟基树脂，但其热稳定性及力学性能较差，限制了它在降解材料领域的应用。近年来，高分子量 PEA 成为可降解高分子材料研究的热点。聚酯化熔融缩聚反应的平衡常数 $K \approx 4$，属于平衡缩聚反应。在实验中通过蒸馏的方法不断排出低分子副产物水，促使平衡向生成产物的方向移动，此时反应符合不可逆条件，有利于聚酯产物的生成。己二酸和乙二醇的缩聚反应如下：

$$n\,\mathrm{HOOC(CH_2)_4COOH} + n\,\mathrm{HOCH_2CH_2OH} \longrightarrow$$
$$\mathrm{H\!\!-\!\!\!\left[OCH_2CH_2OOC(CH_2)_4CO\right]\!\!\!-\!\!OH} + (2n-1)\mathrm{H_2O}$$

通过测定反应过程中的酸值变化或出水量来求得反应程度，反应程度计算公式如下：

$$p = t\ \text{时刻出水量/理论出水量}$$
$$p = (\text{初始酸值} - t\ \text{时刻酸值})/\text{初始酸值}$$

当配料比严格控制在官能团等当量时，产物的平均聚合度与反应程度的关系如下式所示，据此可计算平均聚合度和产物分子量。

$$X_n = 1/(1-p)$$

在本实验中，外加对甲苯磺酸催化，催化剂浓度可视为基本不变，因此该反应为二级，其动力学关系为：

$$-\mathrm{d}c/\mathrm{d}t = k[\mathrm{H^+}]c^2 = kc^2$$

积分替换得到：

$$X_n = 1/(1-p) = kc_0 + 1$$

式中，t 为反应时间，$\min$；c_0 为反应开始时每克原料混合物中羧基或羟基的浓度，$\mathrm{mmol/g}$；k 为该反应条件下的反应速度常数，$\mathrm{g/(mmol \cdot min)}$。

当反应程度达 80% 以上时，即可以 X_n 对 t 作图求出 k，验证聚酯外加酸的二级反应动力学。

在反应过程中采用逐步升温的办法进行反应，目的是提高水的馏出速度，加快反应进程。反应结束后，冷却至室温，注意观察产物线型脂肪族聚酯的外观和黏度。

三、主要试剂与仪器

1. 主要试剂

己二酸，1/3mol；乙二醇，1/3mol；对甲苯磺酸，60mg；乙醇-甲苯（1:1）混合溶剂，150mL；磷酸三丁酯；酚酞指示剂；KOH 水溶液（0.1mol/L）；工业乙醇，20mL。

2. 主要仪器

250mL 三口烧瓶一个，250mL 锥形瓶若干，10mL 量筒一支，电动搅拌器一套，直形冷凝管一支，温度计（0~300℃）一支，锅式电炉一套，分水器，毛细管，干燥管，玻璃塞若干，真空抽排装置一套，安全瓶一个，20mL 移液管一支，碱式滴定管一支，铁架台、铁架各一个，升降台一个，蒸馏头一个，分析天平（最小精度 0.1mg）一台。

四、实验步骤

（1）按图 2-7(a) 安装好实验装置，并保证搅拌速度均匀。

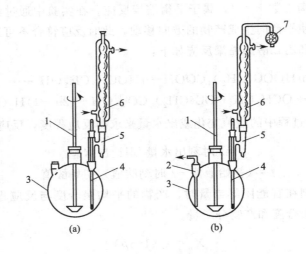

图 2-7 己二酸乙二醇的聚合装置
1—搅拌器；2—毛细管；3—三口烧瓶；4—温度计；5—分水器；6—冷凝管；7—干燥管

（2）向三口烧瓶中分别加入己二酸、乙二醇和对甲苯磺酸，充分搅拌后，取约 0.5g 样品（第一个样，用分析天平准确称量），加入 250mL 锥形瓶中；再加入 15mL 乙醇-甲苯（1∶1）混合溶剂，样品溶解后，以酚酞作指示剂，用 0.1mol/L 的 KOH 水溶液滴定至终点，记录所耗碱液体积，计算酸值。

（3）用电炉开始加热，当物料熔融后在 15min 内升温至（160±2）℃时反应 1h。在此段共取 5 个样测定酸值：在物料全部熔融时取第二个样，达到 160℃时取第三个样，此温度下反应 15min 后取第四个样，至 30min 时取第五个样，至第 45min 取第六个样。取第六个样后，再反应 15min。

（4）于 15min 内将体系温度升至（200±2）℃，此时取第七个样，并在此温度下反应 30min 取第八个样，继续再反应 0.5h。

（5）将反应装置改成减压系统，如图 2-7(b) 所示，即再加上毛细管，并在其上和冷凝管上各接一支硅胶干燥管；继续保持（200±2）℃，真空度为 100mmHg（1mmHg＝133.32Pa），反应 15min 后取第九个样，至此结束反应。

（6）在反应过程中从开始出水时，每析出 0.5～1mL 水，测定一次析水量，直至反应结束，应不少于 10 个水样。

（7）反应停止后，趁热将产物倒入回收盒内，冷却后为白色蜡状物，用 20mL 工业乙醇洗瓶，洗瓶液倒入回收瓶中。

五、数据与处理

（1）按下式计算酸值。

$$酸值 = \frac{(v_1 - v_2)c \times 56.1}{m}$$

式中，v_1 为空白样品滴定时氢氧化钾溶液的体积，mL；v_2 为实验样品滴定时氢氧化钾溶液的体积，mL；c 为氢氧化钾溶液的浓度，mol/L；m 为试样的质量，g；56.1 为 KOH 的摩尔质量，g/mol。

（2）按表 2-6 记录酸值，计算反应程度和平均聚合度，绘出 p-t 图和 X_n-t 图。

表 2-6　数据记录表

反应时间/min	样品质量/g	消耗 KOH 溶液的体积/mL	酸值/(mgKOH/g 样品)	反应程度	平均聚合度

（3）按表 2-7 记录出水量，计算反应程度和平均聚合度，绘出 p-t 图和 X_n-t 图。

表 2-7　数据记录表

反应时间/min	出水量/mL	反应程度	平均聚合度

六、注意事项

反应停止后，趁热将产物倒入回收盒内，避免在反应器内凝聚，影响取出。

七、思考题

（1）说明本缩聚反应实验装置有几种功能？并结合 p-t 图和 X_n-t 图分析熔融缩聚反应的几个时段分别起到了哪些作用？

（2）与聚酯反应程度和分子量大小有关的因素是什么？在反应后期黏度增大后影响聚合的不利因素有哪些？怎样克服不利因素使反应顺利进行？

（3）如何保证等物质的量的投料配比？

（4）聚己二酸乙二醇酯的主要应用领域有哪些？

八、背景知识

（1）聚己二酸乙二醇酯的熔点较低，只有 50～60℃，不宜用于塑料和纤维。以对苯二甲酸代替二元脂肪酸来合成聚酯，在主链中引入芳环，可提高刚性和熔点，这使得聚对苯二甲酸乙二醇酯即涤纶成为重要的合成纤维和工程塑料。一般根据其黏度大小应用于三个方面：高黏度的树脂用于工程塑料，制成一般的摩擦零件如轴承、齿轮、电器零件等；黏度中等的树脂用于纺织纤维；黏度稍低的树脂用于制薄膜如电影胶片的片基材料和电机电器中的绝缘薄膜等。

（2）影响缩聚反应产物平均分子量的因素包括平衡常数、反应程度、残留小分子浓度和表示两官能团相对过量程度的当量系数；平衡常数越大，反应程度越高，残留小分子浓度越低和当量系数越趋于1，则缩聚反应产物平均分子量越高。其中，对于某一特定体系，当量系数是最重要的因素。在实际工业化生产中要做到两官能团等当量非常困难，以聚对苯二甲酸乙二醇酯（PET）的缩聚为例，早期对苯二甲酸不易提纯，采用直接缩合不易得到分子量较高的产物。为了保证原料配比精度，采用酯交换法合成聚对苯二甲酸乙二醇酯：先将对苯二甲酸与甲醇反应生成对苯二甲酸二甲酯（DMT），再将DMT提纯至99.9%以上，然后将高纯度的DMT与乙二醇进行酯交换生成对苯二甲酸乙二醇酯（BHET），最后以Sb_2O_3为催化剂，在270~280℃和33~66Pa条件下进行熔融缩聚即得。随着技术发展，开始用高纯度的对苯二甲酸直接与乙二醇反应制备。该法为直接酯化法（TPA法），省去了对苯二甲酸二甲酯的制造和精制及甲醇的回收，降低了成本。另外，还可采用对苯二甲酸直接与环氧乙烷反应制备聚对苯二甲酸乙二醇酯（EO法）。

实验十八　尼龙610的界面缩聚法制备

一、实验目的

（1）深入了解界面缩聚法的原理和特点。
（2）掌握界面缩聚反应的实施方法。

二、实验原理

界面聚合是缩聚反应特有的一种实施方法，将两种单体分别溶解于互不相溶的两种溶液中，然后将两种溶液混合，缩聚反应在两种溶液界面上进行；通常在有机相一侧进行，聚合产物不溶于溶剂，在界面析出。这种方法在实验室和工业上都有应用，例如聚酰胺、聚碳酸酯等的合成。

界面缩聚具有以下特点：①界面缩聚是一种非均相缩聚反应，反应速度受单体扩散速率控制；②对单体纯度和配比要求不严，反应只取决于界面处反应物的浓度；③单体具有高的反应活性，聚合物在界面迅速生成，其分子量与总反应程度无关；④反应温度低，一般在0~50℃，可避免因高温而导致的副反应。

在缩聚反应过程中，为使聚合反应不断进行，要及时将生成的聚合物移走；同时，为了提高反应效率，可采用搅拌的方法提高界面总面积；反应过程有酸性物质生成，要在体系中加入适量的碱中和。有机溶剂的选择，则要考虑溶剂仅能溶解低分子量的聚合物，而使高分子量的聚合物沉淀。

界面聚合方法已用于多种聚合物的合成，例如聚酰胺、聚碳酸酯、聚氨基甲酸酯等。这种方法也有二元酰氯成本高、需要使用和回收大量溶剂等缺点，使其工业应用受到了很大限制。

界面缩聚主要分为不搅拌的界面缩聚、搅拌的界面缩聚及可溶的界面缩聚。其中，只有搅拌的界面缩聚已应用于工业化生产。本实验利用不搅拌的界面缩聚由癸二酰氯和己二胺制备尼龙610，反应式如下：

$$n\,ClOC(CH_2)_8COCl + n\,NH_2(CH_2)_6NH_2 \longrightarrow \overline{}NH(CH_2)_6NH\text{—}OC(CH_2)_8CO\overline{}_n + 2n\,HCl$$

三、主要试剂与仪器

1. 主要试剂

新蒸馏的癸二酰氯，2.2mL（10mmol）；新蒸馏的己二胺，1.5g（12.9mmol）；四氯化碳，50mL；盐酸溶液（2%），50mL；氢氧化钠，1g；去离子水。

2. 主要仪器

250mL锥形瓶一个，250mL烧杯一个，100mL烧杯两个，玻璃棒一支，镊子一把，真空干燥箱一台，分析天平（最小精度0.1mg）一台。

四、实验步骤

（1）在100mL烧杯中加入1.5g乙二胺、1g氢氧化钠和50mL去离子水，搅拌使固体溶解，配成水相。

（2）量取2.2mL癸二酰氯加入干燥的250mL锥形瓶中，加入50mL无水四氯化碳，振荡使之溶解并配成有机相。

（3）将有机相倒入干燥的250mL烧杯中，然后将玻璃棒插到有机相底部，沿玻璃棒慢慢将水相倒入，观察溶液界面处聚合膜的生成。

（4）用镊子将界面处所生成的聚合物膜缓慢夹起向上拉出，并缠绕在玻璃棒上，转动玻璃棒，将持续生成的聚合物拉出，直至单体基本反应完全。

（5）将所得聚合物放入盛有50mL、2%盐酸溶液的容器中浸泡，然后用水洗涤至中性，最后用去离子水洗，压干；于80℃真空干燥后，称重并计算产率。

五、注意事项

（1）烧杯必须洗净并干燥好，以免酰氯水解和聚合物膜黏结壁。

（2）开始夹膜时一定要慢，正常后可以加快卷绕速度。

（3）实验结束后，将剩余溶液用玻璃棒充分搅动，使聚合反应完全，将所生成的固体取出后再将溶液倒入回收瓶。

六、思考题

（1）为什么在水相中要加入NaOH？聚合产物为什么要在HCl溶液中浸泡？

（2）在反应过程中，如果停止拉出聚合物，缩聚反应将发生什么变化？如果停止几小时后再将聚合物拉出，反应还会继续进行吗？

(3) 如何测定聚合反应的反应程度和分子量大小？

实验十九　双酚 A 型环氧树脂的制备

一、实验目的

(1) 深入了解逐步聚合的基本原理。
(2) 熟悉双酚 A 型环氧树脂的实验室制法。
(3) 掌握环氧值的测定方法。

二、实验原理

环氧树脂是指含有两个或两个以上环氧基团的聚合物，它有多种类型。工业上考虑到原料来源和产品价格等因素，最广泛应用的环氧树脂是由环氧氯丙烷和双酚 A[2,2-二(4-羟基苯基)丙烷]缩合而成的双酚 A 型环氧树脂。

环氧树脂具有良好的物理与化学性能，它对金属和非金属材料的表面具有优异的粘接性能。此外，它的固化过程收缩率小，并且耐腐蚀、介电性能好、机械强度高，其对大部分碱和溶剂稳定。这些优点为它开拓了广泛用途，目前已成为最重要的合成树脂品种之一。

以双酚 A 和环氧氯丙烷为原料合成环氧树脂的反应机理属于逐步聚合，一般认为在氯化钠存在下不断进行开环和闭环的反应。反应方程式如下：

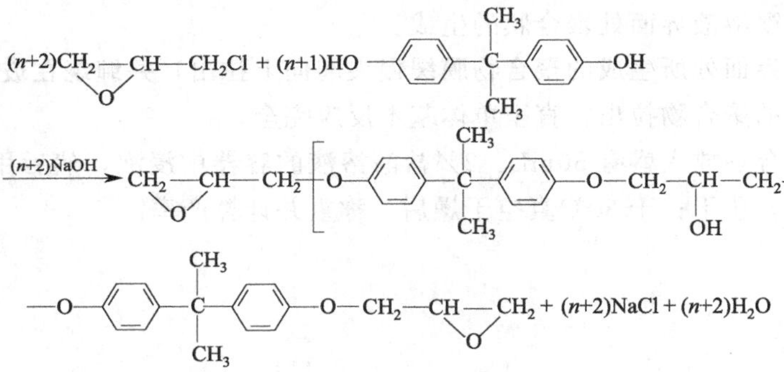

线型环氧树脂外观为黄色至青铜色的黏稠液体或脆性固体，易溶于有机溶剂中，未加固化剂的环氧树脂具有热塑性，可长期储存而不变质。其主要参数是环氧值，固化剂的用量与环氧值成正比，固化剂的用量对成品的力学性能影响很大，必须适当控制。环氧值是环氧树脂质量的重要指标之一，也是计算固化剂用量的依据，其定义是指 100g 树脂中含环氧基团的物质的量。分子量越高，环氧值就相应降低，一般低分子量环氧树脂的环氧值在 0.48~0.57 之间。

三、主要试剂和仪器

1. 主要试剂

双酚 A，34.2g；环氧氯丙烷，42g；氢氧化钠，12g；苯，150mL；盐酸，2mL；丙酮，

100mL；氢氧化钠标准溶液，1mol/L；标准邻苯二甲酸氢钾；酚酞指示剂；乙醇溶液（0.1％）；去离子水，105mL。

2. 主要仪器

250mL 三口烧瓶一个，300mm 球形冷凝管一支，300mm 直形冷凝管一支，60mL 滴液漏斗一个，250mL 分液漏斗一个，100℃、200℃温度计各一支，接液管一支，250mL 具塞锥形瓶四个，100mL 量筒一支，容量瓶 100mL 一个，800mL 烧杯两个，50mL 烧杯一个，10mL 刻度吸管一支，15mL 移液管一支，50mL 碱式滴定管一支，100mL 广口试剂瓶一个，电动搅拌器一套，油浴锅（含液体石蜡）一个。

四、实验步骤

（1）将三口烧瓶称重并记录。将双酚 A 4.2g（0.15mol）和环氧氯丙烷 42g（0.45mol）依次加入三口烧瓶中，按图 2-8（a）装好仪器。用油浴加热，搅拌，升温至 70～75℃，使双酚 A 全部溶解。

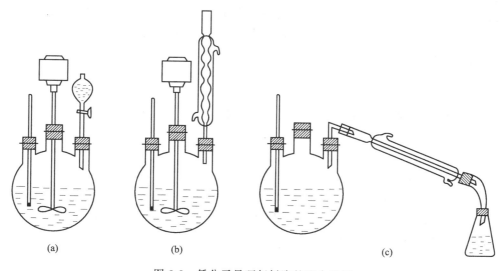

图 2-8　低分子量环氧树脂的聚合装置

（2）用 12g 氢氧化钠加 30mL 去离子水，配成碱液。用滴液漏斗向三口烧瓶中滴加碱液。由于环氧氯丙烷开环是放热反应，所以滴加速度要慢，以防止反应浓度过大而凝成固体难以分散。此时反应放热，体系温度自动升高；可暂时撤去油浴，使温度控制在 75℃。分液漏斗使用前应检查盖子与活塞是否是原配，活塞要涂上凡士林，使用时振动摇晃几下后放气。

（3）滴加完碱液，将聚合装置改成如图 2-8（b）所示。在 75℃下回流 1.5h（温度不要超过 80℃），体系呈乳黄色。

（4）加入 45mL 去离子水和 90mL 苯，搅拌均匀后倒入分液漏斗中，静置片刻。待液体分层后，分去下层水层。重复加入 30mL 去离子水、60mL 苯剧烈振荡，静置片刻，分去水层。用 60～70℃温水洗涤两次，有机相转入图 2-8（c）所示的装置中。

（5）常压下蒸馏除去未反应的环氧氯丙烷。控制蒸馏的最终温度为120℃，得淡黄色黏稠树脂。

（6）将三口烧瓶连同树脂称重，计算产率。所有树脂倒入试剂瓶中备用。

（7）配制盐酸-丙酮溶液：将2mL浓盐酸溶于80mL丙酮中，均匀混合即成（现配现用）。

（8）配制NaOH-C_2H_5OH溶液：将4g NaOH溶于100mL乙醇中，用标准邻苯二甲酸氢钾溶液标定，酚酞作指示剂。

（9）环氧值的测定：取125mL碘瓶两个，在分析天平上各称取1g左右（精确到1mg）环氧树脂，用移液管加入25mL盐酸-丙酮溶液；加盖，摇匀使树脂完全溶解，放置阴凉处1h，加酚酞指示剂三滴，用NaOH-C_2H_5OH溶液滴定；同时，按上述条件做两次空白滴定。

环氧值（mol/100g树脂）E按下式计算：

$$E=\frac{(V_1-V_2)c}{1000m}\times 100=\frac{(V_1-V_2)c}{10m}$$

式中，V_1为空白滴定所消耗的NaOH溶液的体积，mL；V_2为样品测试消耗的NaOH溶液的体积，mL；c为NaOH溶液的物质的量浓度，mol/L；m为树脂质量，g。

分子量小于1500的环氧树脂，其环氧值的测定采用盐酸-丙酮法（分子量高的采用盐酸-吡啶法）。反应式为：

过量的HCl用标准的NaOH-C_2H_5OH液回滴。

五、结果讨论

线型环氧树脂外观为黄色至青铜色的黏稠液体或脆性固体，易溶于有机溶剂中。未加固化剂的环氧树脂有热塑性，可长期储存而不变质。其主要参数是环氧值，固化剂的用量与环氧值成正比，固化剂的用量对成品的力学性能影响很大，必须适当控制。

六、注意事项

（1）预聚物反应完毕要趁热倒入分液漏斗，此操作在通风橱中进行，分液需要充分静置，并注意及时排气。

（2）分液之后要改换减压蒸馏装置，应注意装置的气密性，用循环水泵减压即可。

（3）热塑性的环氧树脂黏度较大，要及时从三口烧瓶中取出。三口烧瓶用丙酮清洗。

（4）测定环氧值时，开始滴定要缓慢一些，环氧氯丙烷的开环反应是放热反应，反应液温度会升高。分子量较高的环氧树脂的环氧值用盐酸-吡啶法滴定。

七、思考题

（1）在合成环氧树脂的反应中，若NaOH的用量不足，将对产物有什么影响？

（2）环氧树脂的分子结构有何特点？为什么环氧树脂具有优良的黏结性能？

（3）为什么环氧树脂使用时必须加入固化剂？固化剂的种类有哪些？

八、实验拓展

黏结试验：用丙酮擦拭两块铝板，用干净的表面皿称取环氧树脂4g，加入乙二胺0.3g；快速用玻璃棒调和均匀后，取少量涂于两块铝板端面，胶层要薄而均匀（约0.1mL），把两块铝板对准胶面合拢，用螺旋夹固定，放置固化，观察黏结效果。

九、背景知识

环氧树脂的抗化学腐蚀性、力学性能、电性能都很好，对许多不同的材料有突出的黏结力；使用温度范围为90～130℃，可通过单体、添加剂和固化剂等选择组合，生产出适合各种要求的产品。环氧树脂的应用可大致分为涂覆材料和结构材料两类。其层压制品可用于电子工业，如线路板基材和半导体元器件的封装材料。此外，它还是用途广泛的黏结剂，有"万能胶之称"。

环氧树脂涂料是一种性能优良的涂料，其主要特点是耐化学药品性、保色性、附着力和绝缘性很好，但耐候性不佳。由于羟基的存在，如处理不当易造成耐水性差。另外，该涂料是双组分，用前需调整，在储存与使用上不方便。目前，环氧树脂涂料作为一种优良的耐腐蚀涂料，广泛用于化学工业、造船工业，也用于金属结构的底漆，但不易作为高质量的户外及高装饰性涂料。环氧树脂也用于粉末涂料的基料树脂，还可作为热固性环氧粉末涂料和环氧聚酯粉末涂料。环氧树脂除了单独使用外，还常常用来改善其他聚合物的性能，如对酚醛树脂、脲醛树脂、蜜胺树脂、聚酰胺、聚氯乙烯、聚酯树脂等均有改性作用。

实验二十　水溶性酚醛树脂胶黏剂的制备

一、实验目的

（1）熟悉水溶性酚醛树脂的合成方法。

（2）掌握水溶性酚醛树脂的合成原理，了解影响胶黏剂性能的工艺因素。

二、基本原理

酚醛树脂（PF）是世界上最早实现工业化生产的合成树脂之一，迄今已有上百年的历史。由于PF不仅具有原料易得、价格低廉、生产工艺和设备简单等特点，而且其产品还具有优良的力学性能、耐热性、耐寒性、电绝缘性、尺寸稳定性、成型加工性、阻燃性和低烟雾性等诸多优点，因而PF已成为各领域中不可缺少的材料之一，被广泛用于制备模压料、层压板、摩擦材料、隔热和电绝缘材料、砂轮、耐候性好的纤维板、金属制造时的壳体模具以及玻璃钢模压料黏结剂、涂料等。

目前常用的主要是醇溶性 PF，虽然其生产工艺技术比较成熟，但是由于其使用有机溶剂，故生产成本较高，给环境和人体健康带来严重危害，而且还存在易燃、易爆等危险性。而使用水溶性 PF，则不会有上述缺点。水溶性 PF 就是以水为 PF 的溶剂，与有机溶剂型 PF 相比具有如下优点：①成本低；②不污染环境；③无毒、无害；④不易燃、易爆；⑤安全性高。因此，水溶性 PF 在胶黏剂（用于制备玻璃布、棉布、纸基层压板、纤维板、胶合板和刨花板等）、玻璃纤维浸润剂以及各种涂料等产品中得到广泛应用。

对水溶性 PF 的制备过程而言，很多因素会影响其制品的性质：①直接表现在固含量、黏度、水溶性和游离酚含量等方面；②间接表现在所得树脂的力学性能、电气性能及其他工艺性能等方面。这些影响因素彼此较为独立，又相互影响，从而在很大程度上决定了整个体系的质量和性能。水溶性酚醛树脂的反应原理如下。

当酚醛的摩尔比小于 1 时，在碱催化剂（NaOH）的作用下，首先生成邻羟甲基苯酚、2,4-二羟甲基苯酚及 2,4,6-三羟甲基苯酚，然后进一步缩聚可得可溶可熔的线型酚醛树脂。反应式如下：

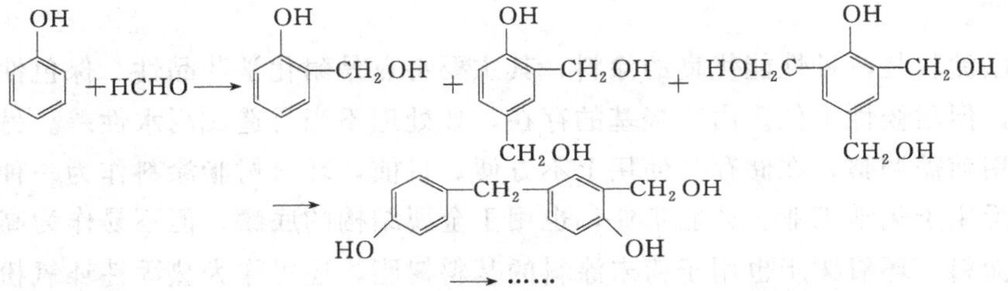

三、主要试剂与仪器

1. 主要试剂

苯酚，化学纯，37.3mL；甲醛（37%），化学纯，61mL；NaOH，化学纯，2g；去离子水，29mL。

2. 主要仪器

250mL 三口烧瓶一个，恒温水浴装置一套，电动搅拌器一套，NJD-8S 型旋转黏度计一套，冷凝管一支，100mL 烧杯一个，温度计（0～100℃）一支，培养皿一个。

四、实验步骤

（1）按图 2-2（见第二章实验二）安装好实验装置。用烧杯称量 2g 氢氧化钠，缓慢加入 29mL 去离子水，边加边搅拌直至氢氧化钠完全溶解，之后倒入三口烧瓶中，加热到 40℃ 后，加入 37.3mL 的苯酚，搅拌使苯酚全部溶解，然后加入 48.8mL 的甲醛。（注意：氢氧化钠和苯酚具有腐蚀性，须小心谨慎操作。）

（2）升温至 50℃，保温 15min；升温至 60℃，保温 15min；升温至 70℃，保温 30min。

（3）升温至80℃，保温5min后，再加入12.2mL甲醛；在80℃下，保温20min后，继续升温至90℃，保温25min。

（4）用吸管取样滴入水中形成白云状胶体，即可降温出料。用NJD-8S型旋转黏度计测定产物30℃时的黏度（NDJ-8S型数显黏度计的使用方法详见附录二）。

五、固含量的测定

将已干燥好的培养皿称重（m_0），向培养皿中加入1.0g左右样品（精确至0.0001g）并准确记录（m_1），在烘箱中烘烤至恒重，称量（m_2）。按下式计算固含量（质量分数）：

$$固含量 = \frac{m_2 - m_0}{m_1 - m_0} \times 100\%$$

式中，m_0为培养皿质量，g；m_1为干燥前样品质量与培养皿质量之和，g；m_2为干燥后样品质量与培养皿质量之和，g。

六、思考题

（1）合成酚醛树脂的过程中如果使用酸作为催化剂，会得到什么产物？

（2）根据实验体会，指出在合成水溶性酚醛树脂过程中应特别注意哪些问题？应采取什么措施？

第三章

高分子化学反应实验

实验二十一　聚乙烯醇缩甲醛的制备

一、实验目的

(1) 加深对高分子化学反应基本原理的理解。

(2) 掌握聚乙烯醇缩甲醛的制备方法。

(3) 了解缩醛化反应的主要影响因素。

二、基本原理

早在 1931 年，人们就已经研制出聚乙烯醇（PVA）的纤维，但由于 PVA 的水溶性而无法进行实际应用。利用"缩醛化"降低水溶性，使 PVA 有了较大的实际应用价值。目前，聚乙烯醇缩醛树脂在工业上被广泛用于生产黏结剂、涂料、化学纤维；品种主要有聚乙烯醇缩甲醛、聚乙烯醇缩乙醛、聚乙烯醇缩甲乙醛、聚乙烯醇缩丁醛等。其中，以聚乙烯醇缩甲醛和聚乙烯醇缩丁醛最为重要。前者是化学纤维"维尼纶"和"107"建筑胶水的主要原料，后者可用于制造"安全玻璃"。

聚乙烯醇缩甲醛是由聚乙烯醇在酸性条件下与甲醛缩合而成的。其反应方程式如下：

$$CH_2O+H^+ \rightleftharpoons C^+H_2OH$$

$$\sim\!CH\!-\!CH_2\!-\!CH\!\sim + C^+H_2OH \underset{\text{极慢}}{\overset{\text{缓慢}}{\rightleftharpoons}} \sim\!CH\!-\!CH_2\!-\!CH\!\sim + H_2O$$
$$\qquad OH\qquad\quad OH \qquad\qquad\qquad\qquad OC^+H_2\qquad OH$$

$$\sim\!CH\!-\!CH_2\!-\!CH\!\sim \underset{\text{极慢}}{\overset{\text{缓慢}}{\rightleftharpoons}} \sim\!CH\qquad CH\!\sim + H^+$$
$$\qquad OC^+H_2\quad OH \qquad\qquad\qquad O\!-\!CH_2\!-\!O$$

由于概率效应，聚乙烯醇中邻近羟基成环后，中间往往会夹着一些无法成环的孤立羟基，因此缩醛化反应不能完全。为了定量表示缩醛化的程度，定义已缩合的羟基量占原始羟基量的百分数为缩醛度。

由于聚乙烯醇溶于水，而反应产物聚乙烯醇缩甲醛不溶于水。因此，随着反应的进行，最初的均相体系将逐渐变成非均相体系。本实验是合成水溶性聚乙烯醇缩甲醛胶水，实验中要控制适宜的缩醛度，使体系保持均相。若反应过于猛烈，则会造成局部高缩醛度，导致不溶性物质存在于胶水中，影响胶水的质量。因此，反应过程中，要严格控制催化剂用量、反应温度、反应时间及反应物比例等因素。

聚乙烯醇缩甲醛随缩醛度的不同，性质和用途有所不同。缩醛度在 35% 左右时，可生产称为"维尼纶"的纤维。该纤维的强度是棉花的 1.5～2.0 倍，吸湿性 5%，接近天然纤维，故又称为"合成棉花"。如果控制缩醛度在较低水平，由于聚乙烯醇缩甲醛分子中含有羟基、乙酰基和醛基，因此有较强的黏结性能，可作为胶水使用，用来粘接金属、木材、玻璃、陶瓷、橡胶等。

三、主要试剂和仪器

1. 主要试剂

聚乙烯醇 1799，工业级，10g；甲醛，38% 水溶液，4.8mL；盐酸，化学纯，0.25mol/L；NaOH，8% 水溶液，5mL；去离子水，110mL。

2. 主要仪器

250mL 三口烧瓶一个，电动搅拌器一台，0～100℃温度计一支，球形冷凝管一个，恒温水浴装置一套，10mL、100mL 量筒各一个，培养皿一个，涂-4 黏度杯一套，分析天平（最小精度 0.1mg）一台。

四、实验步骤

（1）按图 2-2（见第二章实验二）装好仪器。为保证搅拌速度均匀，整套装置安装要规范。尤其是搅拌器，安装后用手转动要求无阻力。

（2）在 250mL 三口烧瓶中加入 110mL 去离子水，装上搅拌器、冷凝管和温度计，开动搅拌。加入 10g 聚乙烯醇。

（3）加热至 95℃，保温，直至聚乙烯醇全部溶解。

（4）降温至 80℃，加入 4.8mL 甲醛溶液，搅拌 15min。滴加 0.25mol/L 稀盐酸，控制反应体系 pH 值为 1～3。继续搅拌，反应体系逐渐变稠。当体系中出现气泡或有絮状物产生时，立即迅速加入 8% 的 NaOH 溶液，调节 pH 值为 8～9。冷却，出料，得无色透明黏稠液体，即为一种化学胶水。

五、固含量的测定

将已干燥好的培养皿称重（m_0），向培养皿中加入 1.0g 左右样品（精确至 0.0001g）并准确记录（m_1），在烘箱中烘烤至恒重，称量（m_2）。按下式计算固含量（质量分数）：

$$固含量 = \frac{m_2 - m_0}{m_1 - m_0} \times 100\%$$

式中，m_0 为培养皿质量，g；m_1 为干燥前样品质量与培养皿质量之和，g；m_2 为干燥后样品质量与培养皿质量之和，g。

六、黏度的测定

试样冷却至 30℃后，按《涂料黏度测定法》（GB/T 1723—1993）用涂-4 黏度杯测定产物的黏度。在一定温度条件下，测量定量试样从规定直径的孔全部流出的时间，可用于表示反应溶液的黏度，单位为 s。应连续测定两次，取其平均值。用以下公式可将试样流出时间秒（s）换算成运动黏度值（mm^2/s）：

23s≤t≤150s 时　　　　　　　　　　$t = 0.223\mu + 6.0$

式中，t 为流出时间，s；μ 为运动黏度，mm^2/s。

涂-4 黏度杯的使用方法详见附录一。

七、思考题

（1）由于缩醛化反应的程度较低，胶水中尚有未反应的甲醛，产物往往有甲醛的刺激性气味。反应结束后胶水的 pH 值调至弱碱性有什么作用？

（2）为什么缩醛度增加，水溶性会下降？

（3）为什么以较稀的聚乙烯醇溶液进行缩醛化？

八、背景知识

聚乙烯醇分子链上含有大量的侧基——羟基，具有良好的水溶性。另外，它还具有良好的成膜性、黏结性和乳化性，有卓越的耐油脂和耐溶剂性能。目前聚乙烯醇是工业上产量最大的合成水溶性聚合物之一。

我国的聚乙烯醇工业是在维尼纶的基础上发展起来的，但是维尼纶作为合成纤维存在一系列的缺点，如弹性低、染色性能不良、尺寸稳定性差等，已逐渐被涤纶、尼龙、腈纶所代替，聚乙烯醇的应用逐渐转向非纤维用途。

到目前为止，美国、西欧国家、日本以及我国生产的聚乙烯醇已大多用于非纤维方面，主要用于黏结剂、造纸用的涂饰剂和施胶剂、纺织浆料、陶瓷工业中的暂时性黏结剂、乳液聚合的乳化剂和保护胶体、化妆品、油田化学品及汽车安全玻璃等。作为非纤维材料，聚乙烯醇分子的亲水性导致含有聚乙烯醇的体系耐水性较差、结晶度较高，影响了它作为耐水涂料、耐水胶黏剂等方面的应用。因此，针对聚乙烯醇的改性方法很多，最常用的方法之一是缩醛化改性。

就缩醛化改性而言，到目前为止，人们所研究过的醛类主要有饱和脂肪族醛、不饱和脂肪族醛、芳香族醛、氢化芳香族醛以及环烷基醛等，这些醛类都可发生这一缩醛化反应。由聚乙烯醇与饱和脂肪族醛如甲醛、乙醛、丁醛等反应生成的缩醛化产物已广泛应用于涂料、胶黏剂及安全玻璃等工业。

实验二十二　聚氨酯泡沫塑料的制备

一、实验目的

（1）了解醇酸缩聚反应的特点，制备聚氨酯泡沫塑料。
（2）了解制备聚氨酯泡沫塑料的反应原理。
（3）学会聚酯的酸值、羟值的测定方法。

二、实验原理

凡是主链上含有氨基甲酸酯键（—NHCOO—）的高分子化合物，通称为聚氨酯。聚氨酯泡沫塑料是由含羟基的聚醚或聚酯树脂、异氰酸酯、催化剂、水、表面活性剂及其他助剂共同反应生成的。

泡沫塑料的制备可以归纳为三种方法：第一种方法是机械发泡法，即使聚合物乳液或液体橡胶通过剧烈的机械搅拌而成为发泡体，而后通过化学交联的方法使泡沫结构在聚合物中固定下来；第二种方法可以被称为物理发泡法，是先使气体或低沸点的液体溶入聚合物中（有时需加压力），而后加热使材料发泡；第三种是化学发泡方法，是将发泡剂混入聚合物或单体中，发泡剂受热分解而产生气泡，或者使发泡剂与聚合物或单体发生化学反应而产生气泡。本实验主要采用化学法发泡。聚氨酯泡沫塑料中主要原料和作用如下。

① 二异氰酸酯类。二异氰酸酯类是生成聚氨酯的主要原料，采用最多的是甲苯二异氰酸酯。甲苯二异氰酸酯有 2,4-和 2,6-两种同分异构体，前者活性大，后者活性小，故常用此两种异构体的混合物。

② 聚酯或聚醚。聚酯或聚醚是生成聚氨酯的另一种主要原料。聚酯通常都是分子末端带有醇基的树脂，一般由二元羧酸和多元醇制成。聚氨酯泡沫塑料制品的柔软性可由聚酯或聚醚的官能团数和相对分子数或相对质量来调节，即控制聚合物分子中支链的密度。

③ 催化剂。根据泡沫塑料的生产要求，必须使发泡反应完成时泡沫网络的强度足以使气泡稳定地包裹在内，这可由催化剂来调节。生产中主要的催化剂是叔胺类化合物和有机锡化合物。叔胺类化合物对异氰酸酯与醇基和异氰酸酯与水这两种化学反应都有催化能力，而金属有机化合物对异氰酸酯与醇基的反应的催化作用特别有效。因此，通常将两种催化剂混

合使用。

④ 发泡剂。聚氨酯泡沫塑料的发泡剂是异氰酸酯与水作用生成的二氧化碳。

⑤ 表面活性剂。生产时为了降低发泡液体的表面张力，使成泡容易和泡沫均匀，又使水与聚酯或聚醚均匀混合，常需要在原料中加入少量的表面活性剂。常用的表面活性剂有水溶性硅油、磺化脂肪醇、磺化脂肪酸及其他非离子型表面活性剂等。

⑥ 其他助剂。为了提高聚氨酯泡沫塑料的质量常需要加入某些特殊的助剂，如为提高机械强度加入铅粉；为降低收缩率而加入粉状无机填料；为提高柔软性而加入增塑剂；为使色泽美观而加入各种颜料等。

反应式为：

$$n \, OCN{-}R'{-}NCO + n \, HO{-}R{-}OH \longrightarrow$$

$$HOR\!\!\left[\!OCONH{-}R'{-}NHOCOR{-}O\!\right]_n\!CONHR'NCO{\sim}N{=}C{=}O + H_2O \longrightarrow$$

$$\sim\!\!\!\sim\!NHCOOH \longrightarrow \sim\!NH_2 + CO_2$$

这个反应式是按逐步聚合反应历程进行的，但它又具有加成反应不析出小分子的特点，因此又称为"聚加成反应"。

三、主要试剂与仪器

1. 主要试剂

三羟基聚醚树脂，聚合级，35g；甲苯二异氰酸酯，水分$\leqslant 1\%$，纯度98%，10g；三乙烯二胺，纯度98%，0.1g；二月桂酸二丁基锡，化学纯，0.1g；硅油，$0.1\sim0.2$g；去离子水，0.2g。

2. 主要仪器

100mL 烧杯两个，自制纸匣一个，玻璃棒一根，烘箱一台，分析天平（最小精度0.1mg）一台。

四、实验步骤

(1) 在1号烧杯中加入0.1g三乙烯二胺，加入0.2g去离子水和10g三羟基聚醚。

(2) 在2号烧杯中依次加入25g三羟基聚醚、10g甲苯二异氰酸酯和0.1g二月桂酸二丁基锡搅拌均匀，可观察到有反应热放出。

(3) 在1号烧杯中加入$0.1\sim0.2$g硅油，搅拌均匀后倒入2号烧杯，搅拌均匀。当反应混合物变稠后，将其倒入纸匣中。

(4) 在室温下放置0.5h后，放入约70℃的烘箱中加热0.5h，即可得到一块白色的软质聚氨酯泡沫塑料。计算聚氨酯的酸值（或羟值）。

五、注意事项

(1) 甲苯二异氰酸酯为剧毒药品，在使用时应注意防护，在通风橱内进行量取。

(2) 注意尽量不要洒出，洒出的甲苯二异氰酸酯可用5%的氨水处理。

六、思考题

（1）写出制备聚氨酯泡沫塑料的主要反应式。

（2）醇酸缩聚的特点是什么？实验过程中是如何体现的？

（3）上述实验中各个组分的作用是什么？

（4）泡沫塑料的密度与什么因素有关？如生产中使用过量的水，对泡沫塑料有何影响？

实验二十三　醋酸纤维素的制备

一、实验目的

（1）掌握醋酸纤维素的制备方法。

（2）了解醋酸纤维素的结构特征。

二、实验原理

醋酸纤维素（CA）是指纤维素在乙酸作为溶剂，乙酸酐作为乙酰化剂时，在催化剂作用下进行酯化反应而得到的一种热塑性树脂，是纤维素衍生物中最早进行商品化生产的纤维素有机酸酯。醋酸纤维素作为多孔膜材料，具有选择性高、透水量大、加工简单等特点。当前主要是将农作物的秸秆、棉、木浆等 α-纤维素作为原料。其基本反应过程如下：

$$R(OH)_n + nH_2SO_4 + nAc_2O \longrightarrow R(OSO_2OH)_n + 2nAcOH$$

$$R(OSO_2OH)_n + nAc_2O \Longleftrightarrow R(OSO_2O^-)_n + nAc_2O(H^+)$$

$$Ac_2O(H^+) + R(OH)_n \Longleftrightarrow R(OH)_{n-1}OAc + AcOH$$

本实验以农作物棉为原料，在二甲基亚砜（DMSO）中进行转酯化反应制备醋酸纤维素。在一般纤维素全乙酰化反应中，添加乙酸作为纤维素溶胀剂，添加过量的酸酐作为酰化剂。因而，反应开始时添加的乙酸和反应过程中产生的副产物乙酸往往使反应体系呈现强酸性，不利于产物性能的提高和后续阶段产物的收集。因此，酸性试剂应该尽量避免被引入反应体系中。

DMSO（二甲基亚砜）一般作为二元纤维素溶剂体系中非常重要的成分参与纤维素酰化反应，如 DMSO/氯化锂（LiCl）、DMSO/多聚甲醛（PF）和 DMSO/四丁基氟化铵三水合物（TBAF·3H_2O）等。另外，三醋酸纤维素（CTA）非常易于溶解在 DMSO 中，这表明 DMSO 是一种潜在的能用于全乙酰化纤维素的试剂。和乙酸酐、乙酰氯等参与的酰化反应相比，转酯化反应更具有优势。转酯化反应过程中，用乙酸酯作为酰基来源能很好地替代乙酸酐、乙酰氯，反应的副产物为容易去除的丙酮，避免了乙酸的产生。

本实验以 DMSO 为溶剂，以乙酸异丙烯酯（IPA）为酰化试剂，在 1,8-二氮杂双环[5,

4,0]十一碳-7-烯(DBU)作为催化剂的条件下，对 α-纤维素进行非均相酯化反应。

三、主要试剂与仪器

1. 主要试剂

α-纤维素，分析纯，0.5g；DMSO，分析纯，10mL；乙酸异丙烯酯（IPA），分析纯，5mL；1,8-二氮杂双环[5,4,0]十一碳-7-烯（DBU），分析纯，1.5mL；乙醇，化学纯，750mL；去离子水-乙醇混合液（体积比为 2:1），750mL。

2. 主要仪器

50mL 圆底烧瓶一个，500mL 烧杯一个，自制纸匣一个，玻璃棒一支，布氏漏斗过滤装置一套，加热磁力搅拌器一台，真空干燥箱一台，分析天平（最小精度 0.1mg）一台。

四、实验步骤

（1）将 0.5g 纤维素加入 10mL DMSO 中，在所需反应温度（70~130℃）下搅拌 15min 使纤维素分散、溶胀。

（2）加入 5mL IPA 和 1.5mL DBU 至上述纤维素悬浮液中。反应过程中保持磁力搅拌，并且随着反应的进行，体系逐渐变成棕色，最后成为黑色。整个反应在 50mL 圆底烧瓶中进行。

（3）在到达设定的反应时间后（3~12h），将反应混合物倒入 750mL 去离子水-乙醇混合液（2:1，体积比）中沉淀。

（4）将沉淀过滤，再用 750mL 乙醇洗涤 3 次，之后放入 60℃ 真空干燥箱，过夜。计算醋酸纤维素的产率。

五、注意事项

（1）IPA 和 DBU 的添加需要迅速，因为反应温度一般都在 DBU 的沸点（80℃）和 IPA 的沸点（93℃）之上。反应开始阶段会生成一取代或二取代等醋酸纤维素，随着反应时间的延长，会生成越来越多的三醋酸纤维素直到所有的低取代纤维素变成三醋酸纤维素。

（2）本实验得到的醋酸纤维素虽然质量不多，但体积较大，故也可按其 1/2 的量进行操作。

六、思考题

（1）试计算本实验中纤维素羟基与乙酸酐的物质的量比。乙酸酐过量多少？破坏这些乙酸酐需要多少水？

（2）计算本实验的产率，并说明影响产率的主要因素。

实验二十四 环氧氯丙烷交联淀粉的制备

一、实验目的

(1) 掌握高分子交联反应中的一些基本操作技术。
(2) 了解天然高分子交联改性反应的特点以及产品性质。

二、实验原理

交联淀粉是含有两个或两个以上官能团的化学试剂，即交联剂（如甲醛、环氧氯丙烷等）同淀粉（St）分子发生羟基作用生成的衍生物。颗粒中淀粉分子间由氢键结合成颗粒结构，在热水中受热，氢键强度减弱，颗粒吸水膨胀，黏度上升，达到最高值，表示膨胀颗粒已经达到了最大的水合作用。继续加热，氢键破裂，颗粒破裂，黏度下降。交联化学键的强度远高于氢键，能增强颗粒结构的强度，抑制颗粒膨胀、破裂和黏度下降。

交联淀粉的生产工艺主要取决于交联剂，大多数反应在悬浮液中进行，控制反应温度为 30~35℃，介质为碱性。在碱性介质下，以环氧氯丙烷为交联剂制备交联淀粉的反应式如下。

交联淀粉主要性能体现在其耐酸、耐碱性和耐剪切力、冷冻稳定性和冻融稳定性好，并且具有糊化温度高、膨胀性小、黏度大和耐高温等性质。随交联程度增加，淀粉分子间交联化学键数量增加。约 100 个 AGU（脱水葡萄糖单元）有一个交联键时，则交联完全抑制颗粒在沸水中膨胀，不糊化。交联淀粉的许多性能优于淀粉。交联淀粉提高了糊化温度和黏度，与淀粉糊的稳定程度相比有很大提高。淀粉糊黏度受剪切力影响降低很多，而经低度交联便能提高稳定性。交联淀粉的抗酸、碱的稳定性也大大优于淀粉。近几年研究很多的水不溶性淀粉基吸附剂通常是用环氧氯丙烷交联淀粉为原料来制备的。

本实验以环氧氯丙烷为交联剂，在碱性介质下制备交联玉米淀粉，通过沉降法测定交联淀粉的交联度。

三、主要试剂与仪器

1. 主要试剂

玉米淀粉，食品级，25g；氯化钠，分析纯，3g；环氧氯丙烷，化学纯，10mL；氢氧化钠溶液，1mol/L；盐酸溶液，2%；无水乙醇，分析纯；去离子水。

2. 主要仪器

500mL 三口烧瓶一个，100mL 烧杯两个，移液管一支，温度计一支，球形冷凝管一支，超级恒温水浴装置一套，精密电动搅拌器装置一套，加热磁力搅拌器一台，S225 型 pH 计一台，循环水式真空泵一台，离心机一台，分析天平（最小精度 0.1mg）一台。

四、实验步骤

（1）按图 2-2（见第二章实验二）装好仪器。25g 玉米淀粉配成 40% 的淀粉乳液，放入三口烧瓶中，加入 3g NaCl，开始用机械搅拌器以 60r/min 的速度搅拌。混合均匀后，用 1mol/L 的 NaOH 调节 pH 值至 10.0，加入 10mL 环氧氯丙烷，于 30℃ 下反应 3h，即得交联淀粉。

（2）用 2% 的盐酸调节 pH 值至 6.0～6.8，得中性溶液，过滤，分别以去离子水、无水乙醇洗涤，干燥。

（3）交联度的测定。准确称取 0.5g 绝干样品于 100mL 烧杯中，用移液管加 25mL 蒸馏水制成 2% 浓度的淀粉溶液。将烧杯置于 82～85℃ 水浴中，稍加搅拌，保温 2min，取出冷却至室温。于 2 支刻度离心管中分别倒入 10mL 糊液，对称装入离心沉降机内，开动沉降机，缓慢加速至 4000r/min。用秒表计时，运转 2min，停转。取出离心管，将上清液倒入另一支同样体积的离心管中，读出的体积（mL）即为沉降体积。对同一样品进行两次平行测定。

五、数据与处理

1. 合成结果记录

合成结果数据记录于表 3-1。

表 3-1　合成结果记录表

项目	结果
产品外观	
产量	
产率	

2. 交联度测定结果记录

交联测定结果记录于表 3-2。

表 3-2　交联度测定结果记录表

项目	结果
干燥样品的质量	
沉降体积	

六、注意事项

实验反应温度控制在 30～50℃，并在碱性条件下，pH 值控制在 10 时加入环氧氯丙烷。

七、思考题

(1) 反应混合液中所添加的氯化钠起什么作用？
(2) 交联淀粉有哪些其他可能的表征方法？
(3) 实验中添加氯化钠的作用是什么？

八、背景知识

交联淀粉透光率低，耐酸碱性、耐机械加工性能、耐剪切性能增强，凝胶性能也有所提高，但吸水能力减弱。淀粉分子的羟基与含有二元或多元官能团的化学试剂反应，使不同淀粉分子间通过羟基连接起来，形成多维空间网状结构的淀粉衍生物。

交联淀粉的糊液黏度对热、酸和剪切力影响具有高稳定性。在工业上常与其他变性方法联合采用，使产品具有更实用、更有效的特性。在食品工业中，可用于增稠剂和稳定剂，例如作为色拉汁的增稠剂。交联淀粉具有较高的冷冻稳定性和冻融稳定性，特别适于在冷冻食品中应用。在低温较长时间冷冻多次，食品仍保持原来的组织结构，不发生变化。酸变性淀粉经交联后是冰淇淋的主要原料。经辊筒干燥后的交联淀粉可增加糕点体积，使糕点酥脆、柔软和耐储存。在医药工业中，可用于橡胶制品的防黏剂和润滑剂。交联淀粉抗机械剪切稳定性高，为瓦楞纸和纸箱纸的较好胶黏剂。在纺织工业中，采用交联淀粉浆纱，易于附着在纤维表面上增加耐磨性和热稳定性。

实验二十五　线型聚苯乙烯的磺化

一、实验目的

(1) 了解线型聚苯乙烯的磺化反应历程。
(2) 了解线型聚苯乙烯磺化反应的实施方法及磺化度的测定方法。

二、实验原理

磺化聚苯乙烯（SPS）在 20 世纪 40 年代成功合成，后经科技工作者不断研究发展，合成技术日臻完善。纯净的 SPS 是淡棕色薄片状硬固体，在水、甲醇、乙醇、丙醇中可全部溶解，但不溶解于苯、四氯化碳、氯仿和甲基乙基酮。SPS 一方面具有憎水的有机长链，同时又具有水溶性的磺酸基，能溶于水合低级醇；还能溶解各种水垢且不会沉淀，对金属有一定的腐蚀性，但腐蚀性较低。低磺化度的 SPS 还具有一定的乳化性能，可广泛用于工业水处理、油田化学及各类清洗剂产品等领域。

线型聚苯乙烯的侧基为苯基，其对位仍具有较高的反应活性，在亲电试剂的作用下可发生亲电取代反应，即首先由亲电试剂进攻苯环，生成活性中间体碳正离子，然后失去一个质子生成苯基磺酸。线型聚苯乙烯高分子不同于苯类小分子，受磺化剂扩散速度、局部浓度等物理因素和概率效应、邻近基团效应等化学因素的影响，磺化速率要低一些，磺化度也难以达到 100%。

线型磺化聚苯乙烯的主要合成方法有两种：一种是以聚苯乙烯为原料，将其溶解于适当溶剂中，通过滴加发烟硫酸、SO_3、$ClSO_3H$（氯磺酸）等强磺化剂，在催化剂和一定温度下进行反应；另一种是将苯乙烯单体磺化后，由磺化苯乙烯聚合得到磺化聚苯乙烯。第一种方法以廉价易得的通用聚苯乙烯树脂为原料，产物分离过程简单。本实验利用乙酰基磺酸对线型聚苯乙烯进行磺化，与常用的磺化剂浓硫酸相比，乙酰基磺酸的反应性能比较温和，磺化所需温度比较低，而浓硫酸所需温度较高，易导致交联或降解等副反应。一般来说线型聚苯乙烯的磺化反应由于磺酸基的引入使聚苯乙烯侧基更庞大，而且磺酸基之间有缔合作用，因此其玻璃化转变温度随磺化度的增加而提高。

三、主要试剂与仪器

1. 主要试剂

线型聚苯乙烯，自制，20g；二氯乙烷，化学纯，139.5mL；乙酸酐，化学纯，8.2g；浓硫酸，95%，4.9g；苯-甲醇混合液（体积比 80∶20），化学纯；氢氧化钠-甲醇溶液，0.1mol/L；酚酞指示剂；去离子水。

2. 主要仪器

500mL 四口烧瓶一个，50mL 滴液漏斗一个，0~100℃温度计两支，冷凝管一支，碱式滴定管一支，1L、150mL 烧杯各一个，锥形瓶一个，磁力搅拌器一台，恒温加热装置一套，真空干燥箱一台，水泵一台，布氏漏斗装置一套，研钵一个，分析天平（最小精度 0.1mg）一台。

四、实验步骤

1. 乙酰基磺酸的配制

在 150mL 烧杯中，加入 39.5mL 二氯乙烷，再加入 8.2g（0.08mol）乙酸酐，将溶液冷却至 10℃以下，在搅拌下逐步加入 95%的浓硫酸 4.9g（0.05mol），即可得到透明的乙酰基磺酸磺化剂。

2. 磺化

按图 2-3（见第二章实验三）装好仪器。在 500mL 四口烧瓶中加入 20g 聚苯乙烯和 100mL 二氯乙烷，加热使其溶解。将温度升至 65℃，慢慢滴加磺化剂，滴加速度控制在

$0.5\sim1.0$mL/min，滴加完以后，在 65℃ 下搅拌反应 $90\sim120$min，得浅棕色液体。然后将此反应液在搅拌下慢慢滴入盛有 700mL 沸水的烧杯中，则磺化聚苯乙烯以小颗粒形态析出，用热的去离子水反复洗涤至反应液呈中性。过滤，干燥，研细后在真空烘箱中干燥至恒重。

3. 滴定

称取 $1\sim2$g 干燥的磺化聚苯乙烯样品，溶于苯-甲醇混合液（体积比 80∶20）中，配成约 5% 的溶液。用约 0.1mol/L 的氢氧化钠-甲醇标准溶液滴定，酚酞为指示剂，直到溶液呈微红色。在滴定过程中不能有聚合物自溶液中析出。如出现此情况，应配制更稀的聚合物溶液滴定。

五、数据与处理

（1）记录反应配方和反应现象。

（2）根据氢氧化钠-甲醇标准溶液消耗的体积计算磺化度。磺化度是指 100 个苯乙烯链节单元中所含的磺酸基个数，其计算公式如下：

$$磺化度 = \frac{Vc \times 0.001}{(m - Vc \times 81/1000)/104} \times 100\%$$

式中，V 为氢氧化钠-甲醇标准溶液的体积，mL；c 为氢氧化钠-甲醇标准溶液的物质的量浓度，mol/L；m 为磺化聚苯乙烯质量，L；104 为聚苯乙烯链节分子量；81 为磺酸基化学式量。

六、注意事项

乙酰基磺酸的制备过程中滴加 95% 浓硫酸时速度要慢，温度一定要控制在 10℃ 以下，以防止反应放热无法散出、局部温度太高导致副反应的发生。

七、思考题

（1）由测得的磺化度分析聚合物化学反应的特点。

（2）采用哪些物理和化学方法可以判定聚苯乙烯已被磺化？为什么？

八、背景知识

磺化聚苯乙烯的磺化度大于 50% 时可溶于水。由于其独特的物理和化学性能，广泛应用于工业、民用等各个领域，如作为聚合物共混物的增溶剂、离子交换材料、反渗透膜或无缺陷混凝土增塑剂等。除以聚苯乙烯为原料制备外，它还可由磺化苯乙烯聚合得到。前一种方法以价廉易得的通用树脂 PS 为原料，产物分离过程简单，但反应程度低，很难在较短时间内得到磺化度较高的产物；后一种方法产物磺化度高，但单体合成困难，转化率低，聚合反应速度慢，产物分子量较低。

杜邦公司首先提出，可以利用磺化聚苯乙烯制备离聚物，离聚物是指碳氢主链上含有少量离子侧基的聚合物。当碳氢聚合物（即烃类聚合物）存在一定数量的离子基团时，离子对之间产生偶极-偶极相互作用，由于碳氢链与离子对极性差别很大，使一些离子对能松散地缔结在一起，形成离子微区并从周围的碳氢链基质中分离出来。由于原聚合物的相态结构被改变，离聚物被赋予了某些新的优异性能。如杜邦公司生产的全氟磺酸型离聚物（Nafion），Exxon 公司的磺化乙烯-丙烯共聚物等，作为高分子分离膜具有广泛的应用性。另外，若向两种不同的聚合物链中分别引入带相反电荷的离子基团，离子间的强相互作用可明显改善两种不相容聚合物的相容性，甚至可完全相容，这是离聚物的另一个重要用途。

实验二十六　高吸水性树脂的制备

一、实验目的

(1) 了解高吸水性树脂的基本功能及其用途。

(2) 了解合成聚合物类高吸水性树脂制备的基本方法。

(3) 了解反向悬浮聚合制备亲水性聚合物的方法。

二、实验原理

吸水性树脂是指不溶于水、在水中溶胀的具有交联结构的高分子材料。吸水量达平衡时，以干粉为基准的吸水率倍数与单体性质、交联密度以及水质情况（如是否含有无机盐以及无机盐浓度）等因素有关。根据吸水量和用途的不同，大致可分两大类。一类吸水量仅为干树脂量的几分之一，吸水后具有一定的机械强度，称为水凝胶，可用于接触眼镜、医用修复材料、渗透膜等。另一类吸水量可达干树脂量的数十倍，甚至高达 3000 倍，称为高吸水性树脂。高吸水性树脂用途十分广泛，在石化、化工、建筑、农业、医疗以及日常生活中有着广泛应用，如用于吸水材料、堵水材料，用于蔬菜栽培、吸水尿布等。

制备高吸水树脂时，通常是将一些水溶性高分子（如聚丙烯酸、聚乙烯醇、聚丙烯酰胺、聚氧化乙烯等）进行轻微的交联而得到。根据原料来源、亲水基团引入方式、交联方式的不同，高吸水性树脂有许多品种。目前，习惯上按其制备时的原料来源分为淀粉类、纤维素类和合成聚合物类三大类。前两者是在天然高分子中引入亲水基团制成的，后者则是由亲水性单体的聚合或合成高分子化合物的化学改性制得的。一般地说，高吸水性树脂在结构上应具有以下特点。

① 分子中具有强亲水性基团，如羧基、羟基等。与水接触时，聚合物分子能与水分子迅速形成氢键或其他化学键，对水等强极性物质有一定的吸附能力。

② 聚合物通常为交联型结构，在溶剂中不溶，吸水后能迅速溶胀。由于水被包裹在呈凝胶状的分子网络中，不易流失和挥发。

③ 聚合物应具有一定的立体结构和较高的分子量，吸水后能保持一定的机械强度。

目前，合成聚合物类高吸水性树脂主要有聚丙烯酸盐和聚乙烯醇两大系列。根据所用原料、制备工艺和亲水基团引入方式的不同，衍生出许多品种。其合成路线主要有两条途径。第一种途径是由亲水性单体或水溶性单体与交联剂共聚，必要时加入含有长碳链的憎水性单体以提高其机械强度，调整单体的比例和交联剂的用量以获得不同吸水率的产品。这类单体通常经由自由基聚合制备。第二种途径是将已合成的水溶性高分子进行化学交联使之转变成交联结构，不溶于水而仅溶胀。本实验采用第一种合成路线，用水溶性单体丙烯酸以反向悬浮聚合方法制备高吸水性树脂。

通常，悬浮聚合是采用水作分散介质，在搅拌和分散剂的双重作用下，单体被分散成细小的颗粒进行的聚合。由于丙烯酸是水溶性单体，不能以水作为聚合介质，因此聚合必须在有机溶剂中进行，即反向悬浮聚合。

将丙烯酸与二烯类单体在引发剂作用下进行共聚，可得交联型聚丙烯酸；再用氢氧化钠等强碱性物质进行皂化处理，将—COOH转变成—COONa，即得到聚丙烯酸盐类高吸水性树脂。

丙烯酸在聚合过程中由于强烈的氢键作用，自动加速效应十分严重，聚合后期极易发生凝胶，故工业上常采用将丙烯酸先皂化再聚合的方法。

三、主要试剂与仪器

1. 主要试剂

丙烯酸，聚合级，50g；三乙二醇二甲基丙烯酸酯，分析纯，5g；过硫酸铵，分析纯，0.25g；山梨糖醇酐单油酸酯（Span80），分析纯，2.5g；环己烷，分析纯，150g；乙醇，化学纯，300 mL；氢氧化钠-乙醇溶液，10%，200mL。

2. 主要仪器

250mL三口烧瓶一个，球形冷凝管一支，0～100℃温度计一支，电动搅拌器一套，100mL、250mL、500mL烧杯各一个，布氏漏斗过滤装置一套，恒温水浴装置一套，150mm培养皿一个，100cm×100cm布袋3个，干燥器一个，真空干燥装置一套，分析天平（最小精度0.1mg）一台。

四、实验步骤

1. 树脂的制备

（1）称取Span80 2.5g于烧杯中，加入环己烷150g，搅拌使之溶解。

（2）称取丙烯酸50g、三乙二醇二甲基丙烯酸酯5g于烧杯中，加入过硫酸铵0.25g，搅拌使之溶解。

（3）按图2-2（见第二章实验二）安装好聚合反应装置，将环己烷溶液加入装有搅拌器、冷凝器和温度计的三口烧瓶中。开动搅拌，升温至70℃，停止搅拌，将单体混合溶液加入三口烧瓶中。重新开动搅拌，调节搅拌速度，使单体分散成大小适当的液滴。

（4）保温反应2h，然后升温至90℃，继续反应1h。之后撤去热源，搅拌下自然冷却至室温。

(5) 将所得产物用布氏漏斗抽滤，然后用无水乙醇淋洗三次，每次用乙醇 50mL。最后抽干，铺在培养皿中，置于 85℃ 烘箱中烘至恒重。放于干燥器中保存。

(6) 取上述干燥的树脂 30g，置于三口烧瓶中，加入氢氧化钠-乙醇溶液 200mL。装上冷凝器和温度计，在室温下静置 1h，然后开动搅拌，升温至溶液开始回流，注意回流不要太剧烈。回流下保持 2h。

(7) 撤去电源，搅拌下自然冷却至室温。用布氏漏斗抽滤，用无水乙醇淋洗三次，每次用乙醇 50mL；最后抽干，铺在培养皿中；置于 85℃ 烘箱中烘至恒重，所得的高吸水性树脂放于干燥器中保存。

2. 吸水率的测定

(1) 取一个布袋在自来水中浸透，沥去滴水，并用滤纸将表面水分吸干。称重，记下湿布袋的质量 m_1。

(2) 称量上述已烘干的高吸水性树脂 2g 左右，放入另一个同样布料和大小的布袋中，将布袋口部扎紧。

(3) 在 500mL 烧杯中装满自来水，将装有高吸水性树脂的布袋置于水中，静置 0.5h。取出，沥干水分。当布袋外无水滴后，再用滤纸将布袋表面擦干，称量，记为 m_2。

(4) 高吸水性树脂的吸水率 S 由下式计算：

$$S = \frac{m_2 - m_1 - m}{m} \times 100\%$$

式中，m 为吸水树脂样品的质量，g；m_1 为湿布袋的质量，g；m_2 为装有高吸水性树脂的布袋吸水沥干后的质量，g。

(5) 用同样方法测定高吸水树脂对去离子水的吸水率。

五、注意事项

(1) 高吸水性树脂制备过程中要避免与水接触。

(2) 在整个聚合反应过程中，既要控制好反应温度，又要控制好搅拌速度。反应进行 1h 左右时，体系中分散的颗粒由于转化率增加而变得发黏，这时搅拌速度的微小变化（忽快忽慢或停止）都可能导致颗粒粘接在一起，或结成块粘接在搅拌器上，导致实验失败。

六、思考题

(1) 比较高吸水性树脂对自来水与去离子水的吸水率，讨论引起二者差别的原因。

(2) 如果实验中所用的三乙二醇二甲基丙烯酸酯的用量加大，试分析高吸水性树脂的吸水率将会发生如何变化。

(3) 高吸水性树脂的吸水机理是什么？

七、背景知识

高吸水性树脂是 20 世纪 60 年代开发成功的一类功能高分子材料。这是一类具有强亲水性基团并通常具有一定交联度的高分子材料，吸水能力可达自身质量的数十倍至约 3000 倍，吸水后立即溶胀为水凝胶，有优异的保水性，即使在受压的情况下，被吸收的水也不容易被挤出来。吸了水的树脂经干燥后，吸水能力仍可恢复。由于上述奇特性能，高吸水性树脂问世以来发展极其迅速，应用领域很快渗透到各行各业，如在石化、化工、轻工、建筑等领域作为堵水剂、脱水剂、增黏剂、速凝剂、密封材料等；在医疗卫生行业中用于外用膏药的基材、缓释性药剂、能吸收血液和分泌物的绷带、人工皮肤材料、抗血栓材料等；在农业生产中，用于土壤改良剂、保水剂、苗木处理剂等；在日常生活中，高吸水性树脂更是广泛被用于吸水性抹布、餐巾、鞋垫、一次性尿布、卫生巾、玩具等。

近年来发展了以聚 N-异丙基丙烯酰胺为主要成分的水凝胶。由于聚 N-异丙基丙烯酰胺本身具有温敏特性，与丙烯酸共聚得到水凝胶，又具有酸敏特性，因此这种吸水性树脂日益受到人们的重视。

实验二十七　羧甲基纤维素的合成

一、实验目的

了解纤维素的化学改性、纤维素衍生物的种类及其应用。

二、实验原理

天然纤维素由于分子间和分子内存在很强的氢键作用，难以溶解和熔融，加工成型性能差，限制了纤维素的使用。天然纤维素经过化学改性后，引入的基团可以破坏这些氢键作用，使得纤维素衍生物能够进行纺丝、成膜和成型加工等加工工艺，因此在高分子工业发展初期占据非常重要的地位。纤维素的衍生物按取代基的种类可分为醚化纤维素（纤维素的羟基与卤代烃或环氧化物等醚化剂反应而形成醚键）和酯化纤维素（纤维素的羟基与羧酸或无机酸反应形成酯键）。羧甲基纤维素是一种醚化纤维素，它是经氯乙酸和纤维素在碱存在下进行反应而制备的。

由于氢键作用，纤维素分子具有很强的结晶能力，难以与小分子化合物发生化学反应，直接反应往往得到取代不均一的产品。通常纤维素需在低温下用 NaOH 溶液进行处理，破坏纤维素分子间和分子内的氢键，使之转变成反应活性较高的碱纤维素，即纤维素与碱、水形成的配合物。低温处理有利于纤维素与碱结合，并可抑制纤维素的水解。碱纤维素的组成将影响到醚化反应和醚化产物的性能，纤维素的吸碱过程并非单纯的物理吸附过程，葡萄糖单元的羟基能与碱形成醇盐，除碱液浓度和温度外，某些添加剂也会影响到碱纤维素的形成，如低级脂肪醇的加入会增加纤维素的吸碱量。

$$[\text{结构式}]$$

醚化剂与碱纤维素的反应是多相反应。醚化反应取决于醚化剂在碱水溶液中的溶解和扩散渗透速度，同时还存在纤维素降解和醚化剂水解等副反应。碘代烷作为醚化剂，虽然反应活性高，但是扩散慢，溶解性能差；高级氯代烷也存在同样的问题。硫酸二甲酯溶解性能好，但是反应效率低，只能制备低取代的甲基纤维素。碱液浓度和碱纤维素的组成对醚化反应有很大影响，原则上碱纤维素的碱量不应超过活化纤维素羟基的必要量，尽可能降低纤维素的含水量也是必要的。

醚化反应结束后，用适量的酸中和未反应的碱以终止反应并将羧酸钠酸化，经分离、精制和干燥后得到所需产品。

羧甲基纤维素是一种聚电解质，能够溶于冷水和热水中，广泛应用于涂料、食品、造纸和日化等领域。

三、主要试剂和仪器

1. 主要试剂

微晶纤维素或纤维素粉（聚合度 15～375）；95％的异丙醇，化学纯；45％的氢氧化钠水溶液，化学纯；50％的氯乙酸溶液，化学纯；10％的稀盐酸，化学纯；HCl/CH_3OH 溶液，化学纯；70％甲醇，化学醇；酚酞指示剂（10g/L）；0.1mol/L 标准氢氧化钠溶液；0.1mol/L 标准盐酸溶液；pH 值试纸；$AgNO_3$ 溶液；蒸馏水。

2. 主要设备

电动搅拌器一台；恒温水浴加热装置一套；回流冷凝管一支；150mL 三口烧瓶一个；酸式滴定管一支；100℃温度计一支；250mL 锥形瓶一个，通氮装置一套，真空抽滤装置一套；研钵一个。

四、实验步骤

1. 纤维素的醚化

将 50mL 95％的异丙醇和 8.2mL 45％的氢氧化钠水溶液加入装有机械搅拌器的三口烧瓶中，通入氮气并开动搅拌，缓慢加入 5g 微晶纤维素，于 30℃剧烈搅拌 40min，即可完成纤维素的碱化。将氯乙酸溶于异丙醇中，配制成 50％的溶液，向三口烧瓶中加入 8.6mL 该溶液。充分混合后，升温至 75℃反应 40min，冷却至室温，用 0.1mol/L 的稀盐酸中和至 pH 值为 4，用甲醇反复洗涤除去无机盐和未反应的氯乙酸（向反应体系中加入 100mL 甲醇，过滤，用少量甲醇洗涤滤饼）。干燥，粉碎，称重，计算取代度。

2. 取代度的测定

用 70％的甲醇溶液配制 1mol/L 的 HCl/CH_3OH 溶液，取 0.5g 醚化纤维素浸于 20mL

上述溶液中，搅拌 3h，使羧甲基纤维素钠完全酸化，抽滤，用蒸馏水洗至溶液无氯离子（用 $AgNO_3$ 溶液检验）。用过量的标准氢氧化钠溶液溶解，得到透明溶液，以酚酞作为指示剂，用盐酸标准溶液滴定至终点，计算取代度，并与重量法进行比较。

$$取代度 = \frac{0.162A}{1 - 0.058A}$$

式中，A 为每克羧甲基纤维素消耗的 NaOH 质量，mg/g。

五、注意事项

（1）本实验最好采用机械搅拌，利用恒温水浴槽加热，搅拌的速度要快些，使纤维素很好地溶解。但不要搅拌得太快，避免将纤维素搅拌至瓶壁，影响最终产率。

（2）加入纤维素时，不要一次性地倒入三口烧瓶中，应缓慢地加入，使其能充分溶解；要小心加入，不要粘接在瓶壁，应使纤维素全部加入瓶内。

六、思考题

（1）纤维素中葡萄糖单元有三个羟基，哪一个最容易与碱形成醇盐？碱浓度过大对纤维素的醚化反应有何影响？

（2）二级和三级氯代烃为什么不能作为纤维素的醚化剂？

（3）取代度计算公式是如何得到的？

七、背景知识

羧甲基纤维素（CMC）是纤维素的羧甲基基团取代产物。根据其分子量或取代程度，可以是完全溶解的或不可溶的多聚体，后者可作为弱酸型阳离子交换剂，用以分离中性或碱性蛋白质等。羧甲基纤维素是纤维素醚类中产量最大、用途最广、使用最为方便的产品。羧甲基纤维素可形成高黏度的胶体、溶液，有黏着、增稠、乳化分散、赋形、保水、保护胶体、薄膜成型、耐酸、耐盐等特性，且生理无害，因此在食品、医药、日化、石化、造纸、纺织、建筑等领域中得到广泛应用。

实验二十八　聚甲基丙烯酸甲酯的热解聚

一、实验目的

（1）了解高分子降解的类型、机理和影响因素。

（2）学习用水蒸气蒸馏法纯化单体。

二、实验原理

高分子的降解是指在化学试剂（酸、碱、水和酶）或物理机械能（热、光、辐射和机械力）的作用下，高分子的化学键断裂而使聚合物分子量降低的现象，包括侧基的消除反应和高分子裂解。高分子的裂解可以分为三种类型：①主链随机断裂的无规降解；②单体依次从高分子链上脱落的解聚反应；③上述两种反应同时发生的情况。聚合物的热稳定性、裂解速度以及单体的回收率和聚合物的化学结构密切相关，实验事实表明含有季碳原子和取代基团、受热不易发生化学变化的聚合物较易发生解聚反应，即单体的回收率很高，例如聚甲基丙烯酸甲酯、聚 α-甲基苯乙烯和聚四氟乙烯。与之对应，聚乙烯进行无规热降解，聚苯乙烯的热裂解则存在解聚和无规裂解两种方式。利用天然高分子的裂解，可从蛋白质中制取氨基酸，从淀粉和纤维素中制取葡萄糖。此外，还可从废旧塑料中回收某些单体或其他低分子化合物，例如汽油等燃料，减少白色污染。

聚甲基丙烯酸甲酯在热作用下发生解聚，其过程是按照自由基机理进行的。甲基丙烯酸甲酯聚合时发生歧化终止，产生末端含双键的聚合物，它在热的作用下形成大分子自由基；也有可能高分子主链中某个 C—C 键发生断裂而产生自由基，然后依次从高分子链上脱去单体，如同聚合反应的逆反应。

除单体以外，有机玻璃（聚甲基丙烯酸甲酯，PMMA）解聚还会产生少量低聚体、甲基丙烯酸和少量作为添加剂加入成品中的低分子化合物。为在精馏前除去这些杂质，需要对有机玻璃裂解产物进行水蒸气蒸馏，否则杂质的存在会导致精馏温度过高，导致单体再次聚合。

三、主要试剂与仪器

1. 主要试剂

有机玻璃边角料，30g；浓硫酸，500mL；饱和碳酸钠溶液，配制，25mL；饱和氯化钠溶液，配制；无水硫酸钠，分析纯；蒸馏水。

2. 主要仪器

250mL 短颈圆底烧瓶一个，50mL 圆底烧瓶一个，水蒸气蒸馏装置一套，分液漏斗一个，电热套一台，真空泵一台，阿贝折射仪一台，分析天平（最小精度 0.1mg）一台。

四、实验步骤

1. 聚甲基丙烯酸甲酯的解聚

称取 30g 有机玻璃边角料，加入 250mL 短颈圆底烧瓶中，以加热套加热，缓慢升温。240℃时有馏分出现，温度维持在 260℃左右进行解聚，馏出物经冷凝管冷却，接收到另一烧瓶中。必要时，提高解聚温度使馏出物逐滴流出。解聚完毕约需 2.5h，称量粗馏物，计算粗单体收率。

2. 单体的精制

将粗单体进行水蒸气蒸馏,收集馏出液直至其不含油珠为止。将馏出物用浓硫酸洗两次(用量为馏出物的 3%～5%),洗去粗产物中的不饱和烃类和醇类等杂质。然后用 25mL 蒸馏水洗两次,除去大部分酸,再用 25mL 饱和碳酸钠溶液洗两次进一步除去酸类杂质,最后用饱和氯化钠洗至单体呈中性。用无水硫酸钠干燥,以进行下一步精制。

将上述干燥后的单体进行减压蒸馏,收集 39～41℃/108 kPa 范围的馏分,计算收率,测定折射率,检验纯度。

五、注意事项

(1) 为便于传热,有机玻璃边角料需要进行粉碎处理。
(2) 对少量裂解产物进行水蒸气蒸馏时可以简化操作,仅需要在产物中加入一定量的蒸馏水后加热蒸馏,必要时补加蒸馏水。

六、思考题

(1) 裂解温度的高低及裂解速度对产品质量和收率有何影响?
(2) 裂解粗馏物为什么首先采用水蒸气蒸馏进行初次分馏?
(3) 可以采用哪些方法研究聚合物的热降解?

七、背景知识

聚甲基丙烯酸甲酯(PMMA),俗称有机玻璃。PMMA 质量比较轻、易加工成型、透光率高、表面光泽度好、耐化学性和耐候性较好,具有电绝缘性和良好的生物相容性,价格也低,在汽车、航空航天、建筑、通信、医药等行业有广泛用途。PMMA 遇热后容易分解,其热稳定性较差。氮气条件下,150℃轻度降解,230℃明显降解;空气条件下,240℃开始降解。降解后的残留单体会严重损害产品的透光性和力学性能,严重限制其适用范围。另外,PMMA 需要合适的分子量。当分子量太高时,熔体流动性不好,难以加工;当分子量太低时,应用性能方面难以满足要求。

为提高 PMMA 的耐热性,首先要使聚合物分子之间变得牢固,足以有效地限制 PMMA 大分子链的活动,抑制主链旋转,从而提高其玻璃化转变温度(简称 T_g),改善耐热性。常用的耐热改性方法很多,比如:侧基结构刚性处理、网状结构处理、引发剂的选择、有机金属盐改性、纳米粒子改性、引入活泼氢单体、分子链引入环状结构等。

第四章

综合性高分子化学实验

实验二十九　引发剂分解速率及引发剂效率的测定

一、实验目的

（1）了解测定引发剂分解速率和效率的原理。
（2）掌握测定引发剂分解速率和效率的方法。

二、实验原理

偶氮二异丁腈（AIBN）、过氧化苯甲酰（BPO）等引发剂按一级反应分解，分解速率可表示为：

$$R_i = 2k_d f[I]$$

式中，k_d 为引发剂分解速率常数；f 为引发效率或引发剂效率；[I] 为引发剂浓度。

测定自由基捕捉剂存在下的聚合反应诱导期，可以求得引发速率 R_i 计算公式如下：

$$R_i = \frac{捕捉期}{诱导期}$$

引发剂分解产生的能引发单体聚合的自由基，当有自由基捕捉剂存在时，首先与捕捉剂反应，直至所有的捕捉剂分子反应完后才开始引发单体聚合。所以，用捕捉剂浓度除以诱导期，就可以求出单位时间捕捉剂所消耗的自由基浓度。这些自由基如不被捕捉剂消耗，就将引发单体聚合。

最常用的自由基捕捉剂是 2,2-二苯基-1-苦味酰苯肼（DPPH）及 2,2,6,6-四甲基哌啶氧化物（TEMPO），它们的结构式分别表示如下：

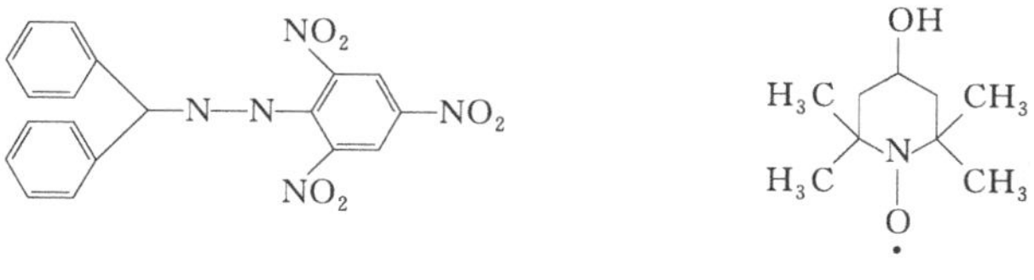

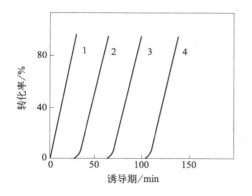

DPPH 为呈深紫红色的晶体，溶于一般有机溶剂。它本身不稳定，不能引发单体聚合，但与自由基反应能使自由基活性消失。

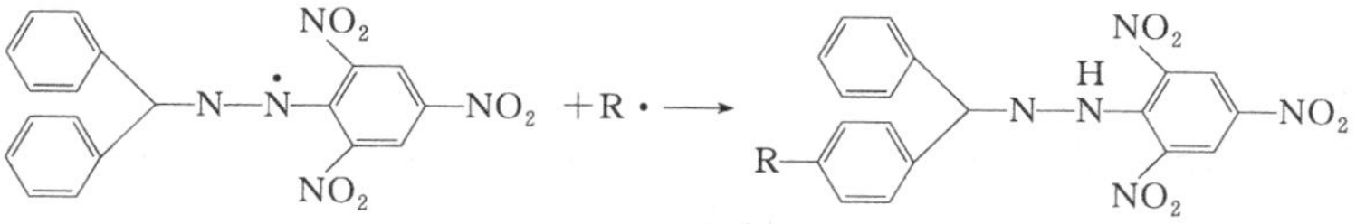

反应比较特别，R 连在苯环上，而不是连在氮原子上。

TEMPO 是橙色晶体，它是四甲基哌啶醇用双氧水氧化制得，溶于一般单体和有机溶剂。本身不引发单体聚合，但与自由基偶合成非活性物质：

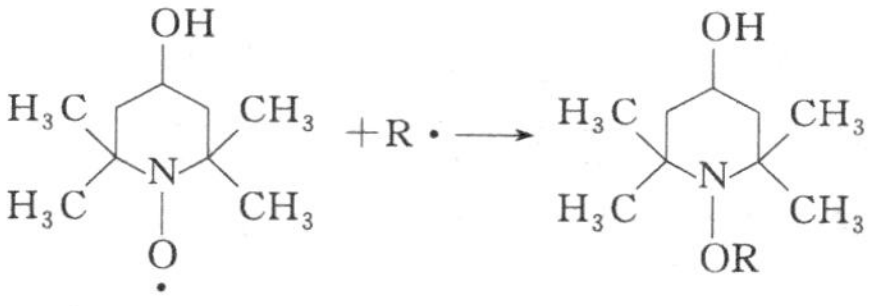

DPPH、TEMPO 与自由基的反应是定量的，所以称为自由基捕捉剂（radical scavenger）。

图 4-1　DPPH 存在下 AIBN 引发 St 聚合的时间与
　　转化率的关系（[AIBN]=0.183mol/L）
1—[DPPH] 为 0；2—[DPPH] 为 $4.46×10^{-5}$ mol/L；
3—[DPPH] 为 $8.92×10^{-5}$ mol/L；
4—[DPPH] 为 $1.34×10^{-4}$ mol/L

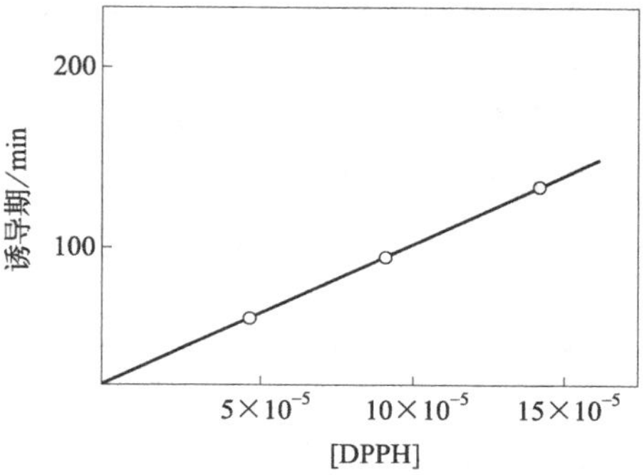

图 4-2　聚合诱导期与 [DPPH] 的关系

用它们测定引发速率的方法如下：以 DPPH 为捕捉剂，以 AIBN 为引发剂，在 30℃进行苯乙烯（St）聚合，用膨胀计测定不同 DPPH 浓度（[DPPH]）时 St 聚合时间与转化率（见图 4-1）。以不同 [DPPH] 时的聚合诱导期为纵坐标，以 [DPPH] 为横坐标作图，得一直线（见图 4-2），直线斜率即为单位时间内 [DPPH] 的减少量，也即引发速率 R_i。从

图 4-2 求得斜率，即 $R_i = 1.164 \times 10^{-5} \, \text{mol}/(\text{L} \cdot \text{min})$ 或 $1.94 \times 10^{-7} \, \text{mol}/(\text{L} \cdot \text{s})$。根据引发剂浓度 $R_i = 2k_d f [I]$，30℃ 时 AIBN 的分解速率常数 $k_d = 8.9 \times 10^{-7} \, \text{s}^{-1}$，$[I] = 0.183 \, \text{mol/L}$，计算得 $f = R_i/(2k_d[I]) = 0.60$。

三、主要试剂与仪器

1. 主要试剂

苯乙烯（新蒸馏），分析纯，100mL；AIBN，分析纯，1600mg；TEMPO，1mg；甲苯，丙酮，少量。

2. 主要仪器

带塞 100mL、150mL 锥形瓶各一个，带盖 30mL 称量瓶一个，10mL 试管 4 支，带刻度 10mL 移液管一支，膨胀计 4 个，恒温槽装置一套。

四、实验步骤

150mL 带塞锥形瓶中加新蒸馏苯乙烯 100mL，通氮气 10min，塞紧瓶塞备用。在一个带盖 30mL 称量瓶中，用 10mL 刻度移液管吸入 20mL 通过氮气的苯乙烯。再精确称取 1mg TEMPO 自由基捕捉剂（$[\text{TEMPO}] = 2.92 \times 10^{-4} \, \text{mol/L}$），盖好瓶盖，得溶液 A。取一个 100mL 带塞锥形瓶。加入 50mL 通过氮气的苯乙烯及 1600mg AIBN（$[\text{AIBN}] \approx 0.2 \, \text{mol/L}$），盖好瓶塞，得溶液 B。剩下的 30mL 苯乙烯为溶液 C。

准备 4 支 10mL 干净试管，编好号码 1、2、3、4。在膨胀计等一切准备就绪之后，将 A、B、C 三种溶液按表 4-1 所列体积数加入 1～4 号试管。混匀之后，迅速加入相应的 1～4 号膨胀计中，再分别置于恒温槽中。记下各膨胀计放入槽内的时间，作为 t_0。注意观察，记下各膨胀计液柱上升的最高刻度和液柱开始下降的时间，记为 t，$t - t_0$ 即为聚合诱导期。以 $t - t_0$ 对 $[\text{TEMPO}]$ 作图，直线斜率即为引发效率 R_i。再从 k_d（30℃，AIBN 的 $k_d = 8.9 \times 10^{-7} \, \text{s}^{-1}$）和 $[\text{AIBN}]$ 求得引发效率 f。

表 4-1　数据记录表

试管号	溶液 A/mL	溶液 B/mL	纯单体/mL
1	3	9	5
2	2	9	6
3	1	9	7
4	0	9	8

实验完毕，取出膨胀计，将苯乙烯倒入回收瓶，用少量甲苯洗膨胀计底部和毛细管，再依次用丙酮和水清洗，烘干。

五、注意事项

（1）实验中所用玻璃仪器必须洁净。

（2）为减小实验误差，A、B、C 三种溶液不要提前配好，而是随用随配。

（3）［TEMPO］为零的样品，由于膨胀计浸入恒温槽有一定恒温过程，以及苯乙烯中少量氧气（尽管预先通入氮气，但不能完全排尽）的阻聚作用，直线一般不经过原点。

（4）如果溶有引发剂的溶液未能及时加入恒温水浴中，应尽量置于冰水浴中防止引发剂的分解。

（5）因为 R_i 是从所得直线的斜率求得的，若上面所讨论的影响对各编号膨胀计都一样，则基本上不影响 R_i 值。

六、思考题

（1）本实验中 TEMPO 的浓度用 mol/L 表示，若用 mg/L 表示，分别为多少（假定溶液的密度均同纯苯乙烯，$d = 0.907\text{g/mL}$）？

（2）TEMPO 是否一定要准确称量？多些或少些是否有关系？

（3）本实验中可能出现的偏差有哪些？是如何造成的？

实验三十　苯乙烯的原子转移自由基聚合

一、实验目的

（1）通过苯乙烯的原子转移自由基聚合实验，进一步了解单分散可控聚合物制备的基本原理。

（2）熟悉功能高分子材料的基本制备方法，同时了解可控聚合的影响因素。

二、实验原理

传统的自由基聚合的特征：聚合反应在微观上可以明显地区分为链的引发、增长、终止、转移等，基元反应的引发速率最小，是总聚合速率的控制步骤，该特征可以概括为慢引发、快增长、速终止。只有链增长反应才能使聚合度增加，一个单体分子从引发经增长和终止，转变成为大分子，时间极短，大致在秒数量级，不能停留在中间聚合度阶段，因而反应混合物仅由单体和聚合物组成。在聚合过程中，单体浓度逐渐降低，聚合物浓度相应提高。因此，延长聚合时间主要是为了提高单体的转化率。

原子转移自由基聚合（atom transfer radical polymerization，ATRP）是 1995 年首先由王锦山和 Matyjaszewski 等报道的一种新型自由基活性聚合（或称为可控聚合）方法。它以卤代化合物为引发剂，以过渡金属化合物配以适当的配体为催化剂，使可进行自由基聚合的单体进行具有活性特征的聚合。它的基本原理是：利用卤原子在聚合物增长链与催化剂之间的转移，使反应体系处于一个休眠自由基和活性自由基互变的化学平衡中，降低了活性自由基的浓度，使固有的终止反应大为减少，从而使聚合反应具有活性特征，可以得到一般自由基聚合难以得到的窄分布、分子量与理论分子量相近的聚合物，为自由基活性聚合开辟了一条崭新的途径。

自由基活性种是通过过渡金属配合物催化下的可逆氧化还原过程形成的。在这一过程中，过渡金属配合物发生单电子氧化，而休眠种 RX 脱去一个（假）卤素原子形成活性种。这是一个可逆的过程，活化速率常数为 k_a，而休眠速率常数为 k_{da}。链增长方式与传统自由基聚合相似，其速率常数为 k_p。在 ATRP 聚合中，同样存在链终止，主要以双基偶合或歧化方式进行，速率常数为 k_t。但是，对于一个控制较好的 ATRP 聚合，发生链终止的高分子链的比例应为百分之几。典型的 ATRP 聚合中，在反应的初期，即非稳定状态，发生链终止的活性链数量应低于总链数的 5%。另外，一个成功的 ATRP 聚合，不但要求链终止发生的程度低，而且所有高分子链应同时进行链引发和链增长。为了达到这一目的，聚合体系需具有快速的引发以及快速可逆的休眠反应。

ATRP 聚合体系是一个多组分体系，通常由单体、引发剂、催化剂以及合适的配体组成。有些体系中还加入一些其他添加剂，溶剂也是一个很重要的因素。

理论上，ATRP 聚合的数均聚合度应为：

$$\overline{X}_n = \frac{\Delta[M]}{[RX]} \tag{1}$$

式中，[RX] 为引发剂浓度。

ATRP 聚合的速率方程符合一般自由基聚合的速率方程，则有：

$$R_p = -\frac{d[M]}{dt} = k_p[M\cdot][M]$$

令

$$k_p^{app} = k_p[M\cdot] \tag{2}$$

则 $R_p = -\dfrac{d[M]}{dt} = k_p[M\cdot][M] = k_p^{app}[M]$，将此式积分得：

$$\ln\frac{[M]_0}{[M]} = k_p^{app}t$$

由此可见，k_p^{app} 可由 $\ln[M]_0/[M]$ 对 t 作图求得，进而可由式（2）求得活性自由基浓度 $[M\cdot]$。

三、主要试剂及仪器

1. 主要试剂

苯乙烯（使用前减压蒸馏脱除阻聚剂），分析纯，2mL；氯化苄，24.6mg；氯化亚铜，17.3mg；2,2'-联吡啶，81.9mg；甲苯，20mL；四氢呋喃，5mL；甲醇，化学纯，50mL；聚乙烯醇溶液 [5%（质量分数）]，2mL；NaCl，分析纯，10g；去离子水，50mL。

2. 主要仪器

50mL 二口烧瓶一个，100mL 四口烧瓶一个，恒温水浴装置一套，布氏漏斗过滤装置一套，电动搅拌器一套，氮气瓶，球形冷凝管一支，0~100℃温度计一支，500mL 烧杯一个，10mL、50mL 量筒各一支，20mL 移液管一支，分析天平（最小精度 0.1mg）一台。

四、实验步骤

在 100mL 四口烧瓶中加入 50mL 去离子水、2mL 5%聚乙烯醇溶液和 10gNaCl，待全部溶解后在冰盐浴冷却下真空脱气、充氮，反复三次。然后在氮气保护下，装上搅拌器、冷凝管和温度计。

在 50mL 二口烧瓶中加入苯乙烯、氯化苄、氯化亚铜和 2,2′-联吡啶，混合均匀后在冰盐浴冷却下真空脱气、充氮，反复三次。然后将其快速倒入上述 100mL 的四口烧瓶中，开动搅拌，调整油珠直径约为 0.4～0.6mm，升温至 95℃在氮气保护下反应。改变反应时间，再进行实验，反应结束后将反应物倒入甲醇中沉淀出聚合物，水洗，过滤，真空干燥，计算单体转化率。

五、性能测试

测定产物的分子量和分子量分布，用高效液相色谱仪测定；以单分散性聚苯乙烯为标样，四氢呋喃（THF）为流动相，4mL THF 配制成约为 50mg 的样品。根据凝胶渗透色谱仪的测定结果，作出数均分子量以及分子量分布曲线。

六、思考题

（1）聚合过程中要进行比较严格的除氧操作，如果体系中有微量的氧气存在，会对聚合反应和聚合物有什么影响？
（2）活性聚合反应的特征是什么？
（3）可控自由基聚合与活性阴离子聚合相比，有哪些优点和缺点？
（4）实施活性聚合方法时，为了顺利获得目标设计产物，应注意哪些操作事项？

实验三十一　聚酯反应的动力学

一、实验目的

了解缩聚动力学的一般原理及其研究方法，求得缩聚反应速率常数以及反应活化能的频率因子。

二、实验原理

等物质的量的二元酸与二元醇缩合可以生成高分子量的聚酯。当不存在外加催化剂时，单体二元酸兼起催化剂的作用，反应级数为 3，即反应速率与酸的浓度的二次方成正比，又与醇的浓度的一次方成正比。在有外加催化剂存在时，反应级数为 2。

缩聚反应速率可以用反应基团浓度随时间的减小表示。在研究二元酸与二元醇缩聚动力学时，聚合过程可以用测定体系中羧基浓度的方法来跟踪。若以［A］表示羧基的浓度，以［D］表示羟基的浓度，则无外加催化剂存在下反应速率可用下式表示：

$$-\frac{d[A]}{dt}=k[A]^2[D] \tag{1}$$

$$-\frac{d[A]}{dt}=k'[A][D] \tag{2}$$

有外加催化剂时，若体系中羧基与羟基等量，则由式(1)、式(2)可分别得到式(3)、式(4)：

$$\frac{1}{(1-p)^2}=2[A]_{t_0}^2 kt+1 \tag{3}$$

$$\frac{1}{1-p}=[A]_{t_0}k't+1 \tag{4}$$

式(3)为无外加催化剂时的缩聚动力学方程，而式(4)为有外加催化剂时的动力学方程，式中反应程度为：

$$p=\frac{[A]_{t_0}-[A]_t}{[A]_{t_0}}$$

可由实验测得，$[A]_{t_0}$为羟基或羧基的起始浓度，$[A]_t$为反应进行了t时间后体系中羧基或羟基的浓度。已知不同的反应时间t后的p值，可以根据式(3)、式(4)求出反应速率常数k或者k'。又根据 Arrhenius 方程，可知：

$$k=A\exp\left(-\frac{E_a}{RT}\right)$$

可以由不同温度T下测得的k值求得反应活化能E_a和频率因子A。

三、主要试剂与仪器

1. 主要试剂

己二酸（或邻苯二甲酸、马来酸），73.05g（0.5mol）；乙二醇（或一缩二乙二醇等），31.05g（0.5mol）；对甲苯磺酸，0.1g；十氢萘，20mL；氢氧化钠，KOH-甲醇溶液，0.5mol/L；丙酮，10mL；碱性溴百里酚蓝指示剂；酚酞指示剂；氮气。

2. 主要仪器

电磁搅拌器一套，恒温油浴装置一套，500mL 三口烧瓶一个，0～300℃温度计一支，油水分离器一套（带刻度，容积约 25mL），回流冷凝管一支，250mL 锥形瓶一个，20mL 移液管一支，分析天平（最小精度 0.1mg）一台。

四、实验步骤

将硅油浴置于电磁搅拌器上，安放硅油浴的自动加热控制装置。将一个 500mL 三口烧瓶（干燥）浸入硅油浴中，往瓶内放入搅拌磁芯、20mL 十氢萘和 0.5mol 己二酸；开始升温并安装仪器的其余部分，包括一个氮气入口、一支（200℃）温度计和带刻度的油水分离器。往分离器内加入几滴碱性溴百里酚蓝指示剂，并用十氢萘将分离器充满。分离器上安装一个回流冷凝管。当三口烧瓶内反应物温度达到 125℃ 时，将已经预热至 125℃ 的 0.5mol 乙二醇加入反应瓶中，再加入 0.1g 对甲苯磺酸。迅速加热至回流温度（约 150℃），并设法保持这一温度至出水量达到理论总水量的 1/4 左右，在此期间每分钟记录一次温度和出水量。

将反应温度升至 165℃ 左右，并设法保持这一温度至出水量达到总水量的 1/2，并且每分钟记录一次时间、温度及出水量。然后停止搅拌，用移液管从反应瓶中快速取出 1~2g 反应物放在一个称好皮重的锥形瓶中，留作羧基浓度的滴定。

将反应温度升至约 175℃，并恒温直至出水量达到总水量的 3/4，同样每分钟记下温度及出水量。然后停止搅拌，做第二次取样。

再将反应温度升至 185℃，并恒温至出水速度显著降低，此期间要坚持记录，在出水速度很慢后，出水量的记录间隔可以适当加长，但仍要注意保持反应温度的恒定。取样后，再将温度升至约 195℃ 使反应进行完全，结束反应前要做最后一次取样分析。

分析时先准确称出样品的质量，然后加入 10mL 丙酮使样品稀释，之后用 0.5mol/L KOH-甲醇滴定至酚酞指示剂的终点，计算反应液中羧基的浓度。滴定值应与由出水量计算所得的结果相吻合。

根据实验结果计算各恒定温度下的反应速率常数和当时所达到的理论平均聚合度，并计算活化能 E_a 和频率因子 A。

五、注意事项

（1）浓度单位采用 mmol/g 比较方便。

（2）最后一次取样也应在当时反应温度下进行。若冷却后再取样，则因反应液分层而无法进行。

六、思考题

（1）链式聚合与逐步聚合的主要区别有哪些？

（2）在推导缩聚动力学式（3）和式（4）的过程中，依据的假设是什么？为什么有些缩聚体系中式（3）和式（4）不适用？

（3）聚酯和聚酰胺在缩聚动力学上有何不同？

实验三十二　强酸型阳离子交换树脂的制备及其交换量的测定

一、实验目的

（1）熟悉悬浮聚合方法。

（2）了解制备功能高分子材料的方法。

二、实验原理

离子交换树脂是具有体型网状结构的高分子化合物，它在溶剂中不能溶解，但能与溶液的离子起交换反应。阳离子交换树脂可与溶液阳离子交换。

本实验先用悬浮聚合法制取苯乙烯和二乙烯基苯共聚珠体（俗称白球），然后用浓硫酸磺化成强酸型阳离子交换树脂。

共聚珠体的制备是以苯乙烯和二乙烯基苯为单体，过氧化苯甲酰（BPO）为引发剂，羟乙基纤维素为分散剂，水为分散介质。珠体的粒度主要取决于搅拌速度，其次与分散剂的种类和用量、水相和单体相的比例以及具体操作等因素有关。

为了使磺化反应深入白球内部，采用二氯乙烷作溶胀剂，它只会使白球充分溶胀而不会与浓硫酸起反应。

离子交换树脂的性能指标中最重要的一项是交换容量。它表征离子交换能力的大小，有两种表示方法：一种是每克干树脂交换离子的物质的量，称为质量交换容量，单位是 mmol/g；另一种是每毫升湿树脂交换离子的物质的量，称为体积交换容量，单位是 mmol/mL。

聚合反应（白球制备）的反应式如下：

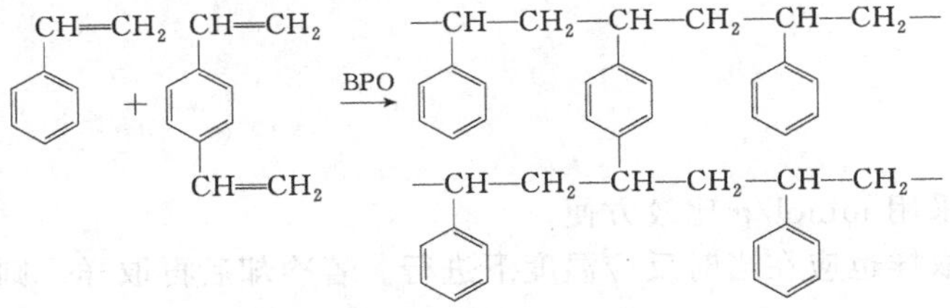

磺化反应的反应式如下：

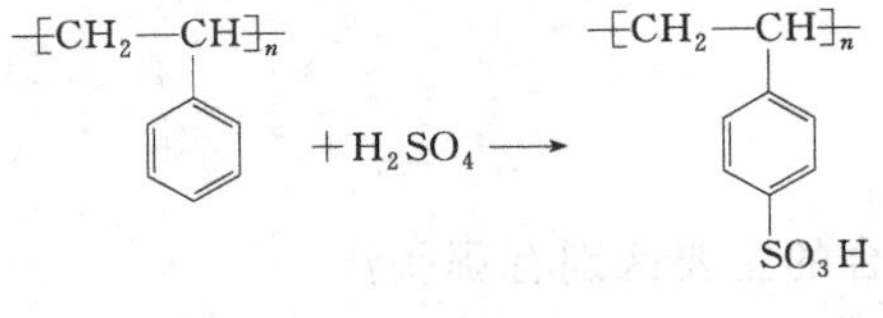

三、主要试剂与仪器

1. 主要试剂

苯乙烯（St），41g；二乙烯基苯（DVB），9g；浓硫酸（93%），100mL；硫酸（74%），50mL；二氯乙烷，20mL；过氧化苯甲酰（BPO），0.5g；羟乙基纤维素，0.3g；去离子水；亚甲基蓝水溶液，0.1%；NaCl 溶液（1mol/L），100mL；NaOH 溶液（0.1mol/L）。

2. 主要仪器

锥形瓶、吸滤棒。

电动搅拌器一套，调压变压器一个，恒温水浴装置一套，250mL 三口烧瓶一个，球形冷凝管一支，0～100℃温度计一支，抽滤装置一套，表面皿一支，取样管若干，尼龙布袋一个，瓷盘一个，250mL 锥形瓶一个，碱式滴定管一支，氮气导管一个，1000mL 烧杯一个，氮气袋一个，100mL 量筒一支，20mL 移液管一支，分析天平（最小精度 0.1mg）一台，烘箱一台。

四、实验步骤

1. 白球的制备

（1）预先在 250mL 三口烧瓶内加入 150mL 去离子水和 0.3g 羟乙基纤维素浸泡。次日，开动搅拌并升温至 50℃使羟乙基纤维素完全溶解。

（2）滴加几滴 0.1％亚甲基蓝水溶液使水相呈明显蓝色。停止搅拌，加入预先混合好的 41g 苯乙烯、9g 二乙烯基苯（含量一般为 40％）和 0.5g 过氧化苯甲酰。

（3）开动搅拌，控制转速，用取样管吸出部分油珠放在表面皿上观察油珠大小。升温至 80～85℃维持 2h，再升温至 95℃并保温 3h。

（4）反应结束后，倾出上层液体，用热水将珠体洗涤几次；再用冷水洗几次，然后将小球倒入尼龙布袋中。将水甩干后，把树脂置于瓷盘中自然晾干，用 30～70 目标准筛，过筛后称重，计算合格率。

2. 白球磺化

（1）将 20g DVB 放入装有搅拌和球形冷凝管的 250mL 三口烧瓶中，加入 20mL 二氯乙烷溶胀 10min 后，加入 100mL 浓硫酸（93％），开动搅拌，慢速转动。

（2）升温至 70℃，保温 1h，30min 内升温至 80～85℃，保温 3h；30min 内升温至 110℃，保温 1h，同时蒸出二氯乙烷。

（3）冷却至室温，抽滤去掉反应瓶中的浓硫酸，加入 50mL 74％硫酸搅拌 10min；在搅拌下缓慢滴加去离子水稀释，温度小于 35℃。用去离子水反复洗涤直至 pH＝7.0。

3. 树脂的性能测试

（1）水分测定。称取 1g 左右的湿树脂（准确到 1mg），放在 105℃±2℃的烘箱中 2h，取出后放入干燥器冷却至室温，再称量。

$$水分含量(\%)=\frac{干燥前树脂质量-干燥后树脂质量}{干燥前树脂质量}\times100\%$$

（2）交换容量的测定。采用静态法测定交换容量。称取 1g 左右的湿树脂（准确到 1mg），放入 250mL 锥形瓶中；加入 1mol/L 的 NaCl 溶液 100mL，摇匀 5min，放置 2h，使湿树脂中的 H^+ 被 Na^+ 交换下来转入溶液中，用 0.1mol/L 的 NaOH 溶液滴定。交换容量（mmol/g）计算公式：

$$交换容量=\frac{cV}{m(1-水分含量)}$$

式中，c 是标准 NaOH 溶液的浓度，mol/L；V 是耗去的 NaOH 溶液体积，mL；m 是湿树脂样品的质量，g。

记录消耗 NaOH 溶液的体积 V，湿树脂样品的质量 m，根据公式计算交换容量。每次测试至少做两次平行试验，取平均值。

（3）显微镜下观察离子交换树脂的形状，并观察是否有裂球现象。

五、注意事项

（1）制备白球时，在加入单体后，开始转速要慢，待单体全部散开后，用取样管吸出油珠，放在表面皿上，观察油珠大小。如油珠偏大，可缓慢加速，直至符合要求后升温反应。白球制备过程中，始终需保持稳定的搅拌速度，不能停止搅拌，以防白球不均匀或裂球。

（2）磺化后期硫酸稀释时滴加速度需缓慢，温度控制在35℃以下，防止裂球。

六、思考题

（1）为使制得的白球合格率高，实验中应注意哪些问题？

（2）在磺化后处理过程中，为什么需要逐渐控制稀释硫酸以及滴加水的速度不宜过快且控制温度小于35℃？

实验三十三　　热塑性聚氨酯弹性体的制备

一、实验目的

（1）了解逐步加聚反应及聚氨酯的合成方法。

（2）了解热塑性弹性体的结构特点和性质。

二、实验原理

聚氨酯的主链含有氨基甲酸酯键（—NHCOO—），它是通过二异氰酸酯的异氰酸酯基团和二元醇的羟基发生逐步加成反应而生成的。

$$OCN—R'—NCO + HO—R—OH \longrightarrow HOR—[—OCONH—R'—NHOCOR—]_n—OCONHR'NCO$$

如果采用聚醚二元醇或聚酯二元醇参与聚氨酯的合成，则能赋予聚合物一定的柔性。二元醇与过量的二异氰酸酯（甲苯二异氰酸酯或二甲苯二异氰酸酯）等反应，生成末端含异氰酸酯基的预聚体，然后加入扩链剂（二元醇或二元胺）进行扩链反应，生成线型聚氨酯弹性体。室温下，聚氨酯分子间存在的氢键起着交联点的作用，赋予聚氨酯高弹性；升高温度，氢键作用减弱，交联作用被破坏，聚合物具有热塑性。这种聚氨酯为（AB）_n 型多嵌段共聚物，低温时为物理交联的体型结构，高温时具有与热塑性塑料相同的加工性能，因而有热塑性弹性体之称。

从分子结构分析，聚氨酯弹性体可看成由柔性链段和刚性链段组成的多嵌段聚合物，柔性链段由聚酯或聚醚组成，刚性链段由异氰酸酯和扩链剂组成。柔性链段会使聚合物的软化点和二级转变点下降，硬度和机械强度降低；刚性链段则会束缚大分子链的运动，导致聚合物的软化点和二级转变点上升，硬度和机械强度提高。因此，通过调节"软""硬"链段的比例，可以制备出性能不同的弹性体。

$$OCN—R'—NCO+ HO \sim\!\!\!\sim OH \longrightarrow OCN \sim\!\!\!\sim NCO$$

$$OCN\text{\textasciitilde}NCO + HO\text{—}R\text{—}OH \longrightarrow \text{\textasciitilde}CONH\text{—}NHCOOROCONH\text{—}NHCO$$

软段　　硬段　　软段

热塑性聚氨酯弹性体可采用一步法和预聚体法制备。在一步法中，先将双羟基封端的聚酯或聚醚和扩链剂充分混合，然后在一定条件下加入计量的二异氰酸酯，均匀混合后即可。在预聚体法中，先使聚醚二元醇或聚酯二元醇与二异氰酸酯反应生成异氰酸酯封端的预聚体，然后加入计量的扩链剂进行反应。从工艺角度来看，聚氨酯的制备又可分为本体法和溶液法。

本实验采用本体一步法和溶液预聚法来制备聚酯型聚氨酯弹性体和聚醚型聚氨酯弹性体。

三、主要试剂和仪器

1. 主要试剂

1,4-丁二醇（BDO；钠回流干燥，10.8g，0.12mol）；聚酯二元醇（分子量1500左右，20g，0.02mol）；端羟基聚四氢呋喃，75g，0.05mol；甲苯二异氰酸酯（新蒸馏，44.5g，0.19mol）；甲基异丁基甲酮（氢化钙干燥，7.5mL）；二甲亚砜（减压蒸馏，7.5mL）；二丁基二月桂酸锡；抗氧剂1010；氮气；乙醇；去离子水。

2. 主要仪器

250mL三口烧瓶一个，电动搅拌器一套，加热套一台，平板电炉一台，真空干燥箱一台，恒压滴液漏斗一个，0~100℃温度计一支，氮气导管一支，红外灯一个，铝盘一个，100mL、500mL烧杯各一个，10mL、50mL量筒各一支，分析天平（最小精度0.1mg）一台。

四、实验步骤

1. 溶液法

（1）预聚体的制备。在250mL三口烧瓶上装上电动搅拌器、恒压滴液漏斗、温度计和氮气导管（图4-3）。称取7.0g甲苯二异氰酸酯加入三口烧瓶中，加入15mL二甲亚砜和甲基异丁基甲酮的混合溶剂（体积比为1∶1）。开动搅拌器，通入氮气，升温至60℃，使甲苯二异氰酸酯全部溶解。然后称取20g聚酯二元醇，溶于15mL混合溶剂中，待溶解后用恒压滴液漏斗慢慢滴入反应瓶中。滴加完毕后，继续于60℃反应2h，得到无色透明预聚体溶液。

（2）扩链反应。将1.8g 1,4-丁二醇溶解在5mL混合溶剂中，用恒压滴液漏斗慢慢滴入上述预聚体溶液中。当黏度增加时适当加快搅拌速度，待滴加完毕后在60℃反应1.5h。如果黏度过大，可适当补加混合溶剂并搅拌均匀，然后将聚合物溶液倒入装有去离子水的烧杯中，

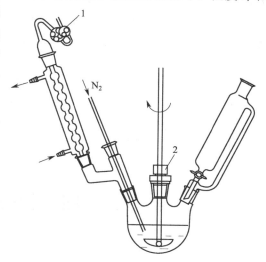

图 4-3　聚氨酯反应装置
1—计泡器；2—聚四氟乙烯套管

析出白色固体。

（3）后处理。产物在水中浸泡过夜，再用乙醇浸泡 1h，用水洗涤。在红外灯下基本烘干后，再在真空干燥箱中于 50℃充分干燥，即得到聚醚型聚氨酯弹性体，计算产率。

2. 本体法

在装有温度计和电动搅拌器的 250mL 三口烧瓶中加入 75g 端羟基聚四氢呋喃、9.0g 1,4-丁二醇和反应物总量 1%的抗氧剂 1010。将反应器置于平板电炉上，开动搅拌器，加热到 120℃，用滴管加入 2 滴二丁基二月桂酸锡，然后在搅拌下将预热到 100℃的 37.5g 甲苯二异氰酸酯迅速加入反应器中，随着聚合物黏度的增加，不断加快搅拌速度。待反应温度不再上升（2～3min）时，除去搅拌器，将产物倒入涂有脱模剂的铝盘（铝盘预热到 80℃）中，于 80℃烘箱中加热 24h，完成反应。

五、注意事项

（1）反应容器可由饮料罐改装而成。
（2）二丁基二月桂酸锡有毒，使用时必须十分小心。

六、思考题

（1）写出合成聚醚型聚氨酯弹性体的化学反应方程式。
（2）哪些因素会影响聚醚型聚氨酯弹性体的性能？

七、背景知识

聚氨酯弹性体（PUE）又称聚氨基甲酸酯弹性体，是一种主链上含有较多氨基甲酸酯基团的高分子合成材料，一般由聚醚、聚酯和聚烯烃等低聚物多元醇与多异氰酸酯及二醇或二胺类扩链剂逐步加成聚合而成。PUE 的结构可用"软段"和"硬段"来描述，聚醚、聚酯或聚烯烃等多元醇构成软段，二异氰酸酯、扩链剂构成硬段。由于软段和硬段之间的热力学不相容性，软段及硬段能够通过分散聚集形成独立的微区，具有微相分离结构。软段提供聚氨酯（PU）材料的弹性、韧性及低温性能；硬段则提供 PU 材料的硬度、强度和模量性能。PUE 是一种介于一般橡胶与塑料之间的弹性材料，既具有橡胶的高弹性，又具有塑料的高强度，断裂伸长率大，硬度范围广，耐磨性、生物相容性特别突出；同时，还具有优异的耐油、耐低温、耐辐射和负重、隔热、绝缘等性能，应用广泛。

实验三十四　松香改性酚醛树脂的合成

一、实验目的

（1）了解松香改性酚醛树脂合成的基本原理。

（2）掌握松香改性酚醛树脂合成的方法。

（3）掌握松香改性酚醛树脂的软化点、酸值的测定方法。

二、实验原理

松香是我国丰富的可再生资源，年产量达 60 余万吨。它是由一系列树脂酸组成的，具有独特的化学结构和多个手性中心，结构中的羧酸和菲环骨架可以进行一系列的化学改性，松香经过化学改性可以得到一系列深加工产品，广泛应用于日常生活中的各个领域，在国民经济发展中起举足轻重的作用。

松香改性酚醛树脂是松香与次甲基醌及反丁烯二酸先进行双烯加成（Diels-Alder 环加成）反应，之后在碱性催化剂的作用下烷基酚与多聚甲醛进行缩合反应得到含羟甲基的甲阶烷基酚醛缩合物，最后加入多元醇与松香上的羧基进行酯化反应，而最终生成的高分子产物。其由于独特的蜂窝状的结构特征，具有良好的颜料润湿性能，同时与适当的凝胶剂反应可以得到有一定黏弹性的连接料，因而被广泛应用于平版胶印油墨。

松香改性酚醛树脂的合成方法有两种：一步法和两步法。本实验采用的是一步法，其反应原理如下。①松香与次甲基醌及反丁烯二酸的加成：在 180℃时加入反丁烯二酸，利用反丁烯二酸的不饱和双键和松香酸的双键加成，同时次甲基醌与松香酸也进行 Diels-Alder 环加成反应，生成马来酸酐化苯并二氢呋喃化合物。②松香与酚醛的环化反应：用碱作催化剂得到含羟甲基的甲阶烷基酚醛缩合物，在继续加热和松香酸存在下，羟甲基与酚羟基间将易失水并与松香进行环化反应。③多元醇的酯化：体系中大量羧基的存在，会破坏体系的平衡，引起树脂的不稳定，因此加入多元醇，利用多元醇的羟基与体系中羧基的酯化反应，降低体系的酸值；同时，通过多元醇的酯化，扩大了分子量，形成了适用于胶印油墨的高聚物。其反应方程式如下。

① 反丁烯二酸与松香 Diels-Alder 环加成反应：

② 松香与酚醛的环化反应：

③ 酯化反应：

$$R'COOH \xrightarrow[260\sim270℃]{C(CH_2OH)_4} C(CH_2OOCR')_4 + H_2O$$

式中，R 为十二烷基或对叔辛基，R'COOH 为酚醛化或未酚醛化的松香酸及其加成物。

三、主要试剂和仪器

1. 主要试剂

松香，特级，79.5g；多聚甲醛，工业级，14.5g；反丁烯二酸，化学纯，4.5g；对叔辛基苯酚，化学纯，18g；十二烷基苯酚，化学纯，19.5g；氧化镁，化学纯，0.22g；季戊四醇，化学纯，15g。

2. 主要仪器

250mL 三口烧瓶一个，电动搅拌器一台，温度计一支，冷凝管一支，250mL 电热套一个，50mL 碱式滴定管一支，软化点（环球法）测定仪一套，分析天平（最小精度 0.1mg）一台。

四、实验步骤

（1）按图 2-2（见第二章实验二）安装好实验装置。为保证搅拌速度均匀，整套装置安装要规范。尤其是搅拌器，安装后用手转动要求无阻力。

（2）将松香加入三口烧瓶中，升温加热使之熔融，搅拌。升温至 180℃时加入一定量的反丁烯二酸，在 200℃保温回流反应 1h。

（3）降温，加入季戊四醇和氧化镁，在 160℃时再加入十二烷基苯酚和对叔辛基苯酚，135℃时加入多聚甲醛，在 130~140℃保温反应 3h。

（4）保温结束后，升温至 260~270℃保温，酯化反应 1~2h 到产物酸值小于 25mgKOH/g，减压蒸馏出低沸物，制得松香改性酚醛树脂。

五、性能测试

1. 软化点的测定

原理如下。测定水平铜环中的树脂，在钢球作用下，于水浴或甘油浴中，按规定速度加热至钢球下落 25mm 时的温度。

仪器如下。PCY-DL-100 软化点测定仪。实验材料：10g 树脂样品、甘油、25mL 小烧杯、真空脂、小刀、2000mL 烧杯。

测试步骤如下。①称取约 10g 树脂样品于 25mL 小烧杯中，放入约高于树脂软化点 60℃烘箱中，使其熔融 1~2h。②在操作台面上涂上真空脂，防止液态树脂污染台面。③从烘箱中取出铜帽、铜环与小烧杯，将熔融的树脂迅速注入铜环，使液面略高于铜环或与铜环齐平（若有气泡需重新注环），在室温下冷却 30min，用清洁的小刀稍加热，熨平环面多余的树脂。④设置程序升温，从 35℃开始，以 5℃/min 速率升温至 140℃。⑤将铜环盖上铜帽，放在支架上，加上铜球再一同放入油浴（若软化点低于 85℃，改用水浴，用煮沸后冷却的蒸馏水）中，装上搅拌器并固定好。⑥开始加热，并记下两个铜球分别落在铜板上的温度值，取其平均值，即为此树脂的软化点。

注意：若软化点低于 85℃的树脂样品用油浴测量，会导致树脂样品少量溶解分散在甘油中，变得不透明，使甘油无法再使用。

2. 酸值的测定

酸值是指每克样品中酸成分所消耗的 KOH 或 NaOH 的质量。测试步骤如下。

（1）树脂的溶解。准确称取 1~2g 样品加入甲苯-乙醇（2:1）溶液中，充分摇动使之溶解。对于溶解缓慢的高聚酯样品，用丙酮或甲乙酮使之溶解。

（2）滴定。加入 3~5 滴 1% 的酚酞指示剂，用 0.1mol/L NaOH 标准溶液滴定至溶液出现桃红色 15min 不变色为止，同样做空白实验。

（3）计算方法如下：

$$A_v = 56.1 \times c_{NaOH} \times (V_s - V_0)/m$$

式中，A_v 为样品的酸值，mgNaOH/g；V_s 为样品消耗的 NaOH 溶液体积，mL；V_0 为空白实验消耗的 NaOH 溶液体积，mL；m 为试样的质量，g；c_{NaOH} 为 NaOH 溶液的浓度，mol/L。

六、思考题

（1）制备松香改性酚醛树脂可以采用一步法和两步法，请问各有什么优缺点？
（2）为什么要用多聚甲醛取代液体甲醛来进行聚合反应？

实验三十五　磷钨酸催化液化木质素制备生物多元醇

一、实验目的

（1）了解木质素的结构特点和液化原理。
（2）掌握羟值、酸值、渣含量的测试方法。

二、实验原理

木质素是植物界中仅次于纤维素的最丰富和最重要的天然高分子化合物。木质素主要由碳、氢、氧三种元素组成，结构具有芳香特性，由苯基丙烷类结构单元通过碳-碳键和醚键连接而成的非结晶性高分子网状化合物，共有三种基本结构（非缩合型结构），即对羟苯基结构、紫丁香基结构和愈创木基结构（见图4-4）。

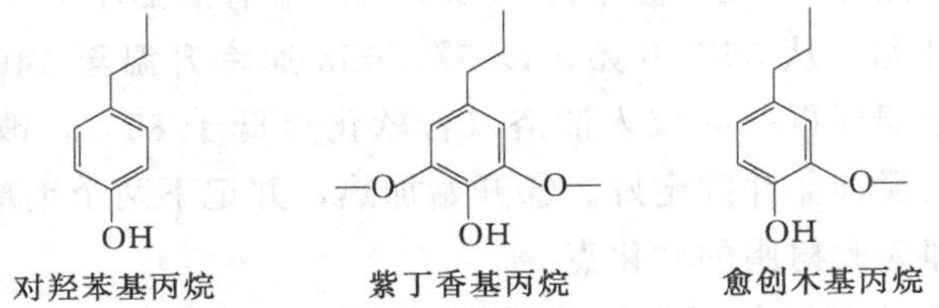

对羟苯基丙烷　　　　紫丁香基丙烷　　　　愈创木基丙烷

图 4-4　木质素的结构单元

由于具有天然、可再生、易获取以及较好的物理化学性能等诸多优点，木质素的应用已经几乎扩展到石油化工产品的所有领域，包括用于乳化剂、染料、合成地板、螯合剂、黏结剂、热固性塑料、分散剂、颜料和燃料等。

木质素结构主要由芳香环构成，侧链上含有大量的酚羟基和醇羟基，并且木质素的苯丙烷结构之间主要通过醚键相连，所以木质素可看成一种多元醇，用来替代聚氨酯合成中的多元醇从而制备木质素改性聚氨酯。本实验利用液化剂和催化剂将固态的木质素转化为液态的生物多元醇，增加了化学反应的活性，希望可以拓宽其使用范围。液化过程中，在催化剂的作用下，木质素主要结构单元上的甲氧基和苯氧基的C—O键及苯烷基侧链的C—C键发生断裂，降解成小分子碎片，之后碎片在液化剂的作用下发生再缩聚，形成聚醚多元醇。

三、主要试剂与仪器

1. 主要试剂

木质素，工业级，5g；聚乙二醇400，分析纯，20g；丙三醇，分析纯，5g；磷钨酸，分析纯，0.5g；氢氧化钠溶液，分析纯，1mol/L、0.1mol/L；吡啶，分析纯，500mL；邻苯二甲酸酐，化学纯，80.7g；1,4-二氧六环水溶液，80%（质量分数）；酚酞指示剂；去离子水。

2. 主要仪器

250mL 三口烧瓶一个，50mL 磨口锥形瓶一个，250mL 烧杯一个，冷凝管一支，25mL移液管一支，10mL 移液管一支，数显恒温油浴锅装置一套，电热恒温鼓风干燥箱一台，分析天平（最小精度0.1mg）一台。

四、实验步骤

（1）按图2-2（见第二章实验二）装好仪器。

（2）首先将聚乙二醇400置于干燥箱（<100℃）中加热至熔融成液体（常温为固体），然后分别称取20g聚乙二醇400、5g丙三醇、0.5g磷钨酸，置于250mL三口烧瓶中。

（3）将三口烧瓶置于油浴锅中，缓缓加入磁子，开启油浴锅，调节磁力搅拌旋钮至适当速率；同时，冷凝回流，将温度升至160℃。

（4）温度升至160℃后，将已烘干的5g木质素加入三口烧瓶中，继续搅拌，反应60min后停止反应，得到棕褐色多元醇产物；趁热将产物倒入小烧杯中，室温下静置以备性能测试。

五、性能测试

1. 羟值的测定

（1）配制邻苯二甲酸酐-吡啶溶液（称取80.7g邻苯二甲酸酐于500mL吡啶中，搅拌至完全溶解，转移至棕色瓶中过夜后使用）、1mol/L氢氧化钠标准溶液。

（2）称取一定量的样品，置于50mL锥形瓶内。用移液管移取25mL的邻苯二甲酸酐-吡啶溶液至锥形瓶中，摇动锥形瓶，使样品溶解。安装冷凝管，将锥形瓶放入115℃±2℃油浴锅内回流60min，回流30min后摇动锥形瓶1次，油浴的液面需高于锥形瓶一半。

（3）回流结束后，从油浴锅中取出锥形瓶，冷却至室温；用移液管量取10mL的吡啶逐滴均匀地冲洗冷凝管，待冷凝管无液滴后取下冷凝管。

（4）用配制的氢氧化钠标准溶液进行滴定，利用pH计确定同一滴定终点。用同样方法做空白实验（空白实验利用酚酞指示剂确定滴定终点，并以此终点pH值为标准进行试样的滴定）。空白实验所消耗的氢氧化钠标准溶液体积应在45~50mL范围，且其与试样滴定消耗量之差应为9~11mL；否则，应调整试样质量，重新进行测定。产物的羟值按下式计算：

$$羟值 = \frac{(V_1 - V_2)c \times 56.1}{m} \tag{1}$$

式中，V_1 为空白样品滴定时氢氧化钠标准溶液的体积，mL；V_2 为实验样品滴定时氢氧化钠标准溶液的体积，mL；c 为氢氧化钠标准溶液的浓度，mol/mL；56.1为KOH的摩尔质量，g/mol；m 为试样的质量，g。

2. 酸值的测定

（1）称取1g左右液化产物置于250mL烧杯内，加入50mL吡啶和50mL水，摇至完全溶解。

（2）以氢氧化钠标准液滴定样品的实验组，使其pH值达到滴定终点。产物的酸值按下式计算：

$$酸值 = \frac{(V_1 - V_2)c \times 56.1}{m} \tag{2}$$

式中，V_1 为空白样品滴定时氢氧化钠标准溶液的体积，mL；V_2 为实验样品滴定时氢氧化钠标准溶液的体积，mL；c 为氢氧化钠标准溶液的浓度，mol/mL；56.1为KOH的摩尔质量，g/mol；m 为试样的质量，g。

3. 渣含量的测定

称取1g左右液化产物，加入20mL的1,4-二氧六环水溶液（质量分数为80%），充分搅拌4h以上；之后用干燥过的滤纸进行过滤，再用足量的1,4-二氧六环水溶液洗涤滤渣直至滤液呈无色，滤纸干燥恒重后称重。产物的渣含量按下式计算：

$$R = \frac{m_1}{m_0} \times 100\%$$ (3)

式中，R 为渣含量，%；m_0 为液化产物的质量，g；m_1 为滤渣的质量，g。

六、注意事项

（1）液化温度较高，在操作过程中必须注意安全和规范操作。

（2）实验中所用吡啶有毒性和刺鼻气味，实验操作必须在通风橱中进行，保障自身及他人安全。

（3）若 pH 值变化较大，或距上次标定超过一个星期，再用时必须重新标定 pH 值测定仪。

七、思考题

（1）木质素在液化过程中发生了哪些反应？

（2）若相同条件下测定两组羟值或者渣含量，但是两组数值差距较大，是什么原因？怎样避免？

实验三十六　木质素液化多元醇聚氨酯泡沫的制备

一、实验目的

（1）了解木质素液化多元醇制备聚氨酯泡沫的原理。

（2）掌握聚氨酯泡沫的制备和性能测试方法，了解聚氨酯泡沫的结构和性能特点。

二、实验原理

生物质资源是地球上最为丰富的可再生资源之一，随着化石资源的逐渐枯竭以及可持续发展的要求，生物质资源的开发和利用已经再次成为全球研究热点。特别是目前低碳生物质资源开发战略将会对生物质经济的实现起到关键作用；同时，也将会给人类社会带来巨大的环境和社会效益。

工业上利用聚醚多元醇中的羟基（—OH）可以和二苯基甲烷二异氰酸酯（MDI）反应制备出聚氨酯材料。聚氨酯材料用途广泛，可以用于胶黏剂、涂料、纤维、弹性体、泡沫材料、人造革等，其中的聚氨酯泡沫可用于包装材料，也可以用于保温隔热、隔声材料、填充材料等。

木质素液化产物的主要成分为聚醚多元醇，含有大量的羟基，活性高，羟值为 300～500mgKOH/g。本实验以木质素液化多元醇替代工业聚醚多元醇与 MDI 反应合成聚氨酯泡沫，并对聚氨酯泡沫的性能进行测试。

三、主要试剂和仪器

1. 主要试剂

木质素液化多元醇，参照实验三十五制备，1g；辛酸亚锡，分析纯，0.2g；三乙胺，分析纯，0.25g；二苯基甲烷二异氰酸酯（MDI），工业级，12.23g；聚醚多元醇（GE-220），工业级，9g；硅油 AK8805，工业级，0.06g；去离子水；发泡剂。

2. 主要仪器

5mm×5mm×10mm 模具一个、微机控制电子万能试验机（CMT6104）一台、傅里叶变换红外光谱仪（Nicolet 5700）一台、同步热分析仪（SDTQ600）一台、电热恒温鼓风干燥箱（DHG-9036A）一台。

四、实验步骤

（1）将木质素液化多元醇、聚醚多元醇（GE-220）、辛酸亚锡、三乙胺、硅油 AK8805 和发泡剂、去离子水依次加入 250mL 纸杯中，用玻璃棒尽力搅拌，混合均匀。

（2）在纸杯中加入 MDI，用玻璃棒快速搅拌至混合物温度升高且混合物有发白现象，迅速注入自制模具中，室温下自由发泡 30min。之后将其置于干燥箱中，在 80℃下固化 1h 后取出，冷却至室温，从模具中取出，切割为高 60mm、宽 50mm、长 50mm 的试样。

五、性能测试

1. 压缩强度的测定

聚氨酯泡沫的压缩强度依照国家标准《硬质泡沫塑料 压缩性能的测定》（GB/T 8813—2020）在 CMT6104 微机控制电子万能试验机上测定。压缩速率为 6mm/min。

2. 表观密度的测定

聚氨酯泡沫的表观密度依照国家标准《泡沫塑料及橡胶 表观密度的测定》（GB/T 6343—2009）测定。

3. 热重分析

采用美国 TA 公司的 SDTQ600 同步热分析仪进行测试。取少量样品，置于保压密闭坩埚中，升温速率为 10℃/min；温度范围：室温～600℃，氮气保护。

六、注意事项

聚氨酯泡沫反应迅速，必须快速搅拌使其两种组分混合均匀。

七、思考题

（1）由于发泡反应迅速，如何保证搅拌均匀？
（2）如何提高生物多元醇的替代量？

参考文献

[1] 尹奋平，乌兰．高分子化学实验 [M]．北京：化学工业出版社，2015.

[2] 何卫东，金邦坤，郭丽萍．高分子化学实验 [M].2 版．合肥：中国科学技术大学出版社，2012.

[3] 杜奕．高分子化学实验与技术 [M]．北京：清华大学出版社，2008.

[4] 张春庆，李战胜，唐萍．高分子化学与物理实验 [M]．大连：大连理工大学出版社，2014.

[5] 梁晖，卢江．高分子化学实验 [M]．北京：化学工业出版社，2014.

[6] 赵立群，于智，杨凤．高分子化学实验 [M]．大连：大连理工大学出版社，2010.

[7] 孙汉文，王丽梅，董建．高分子化学实验 [M]．北京：化学工业出版社，2012.

[8] 刘承美，邱进俊．现代高分子化学实验与技术 [M]．武汉：华中科技大学出版社，2008.

[9] 韩哲文．高分子科学实验 [M]．上海：华东理工大学出版社，2005.

[10] 郭建民．化学实验 [M]．北京：化学工业出版社，2005.

[11] 张胜军，黄宝铨，陈庆华，等．高黏度高溶解性松香改性酚醛树脂的合成 [J]．精细石油化工进展，2012，13 （2）：54-58.

[12] 黄宝铨．桐油-松香改性酚醛树脂的合成 [J]．精细石油化工进展，2008，9 （10）：18-21.

[13] Jin Y Q, Lai C M, Kang J Q, et al. Liquefaction of cornstalk residue using 5-sulfosalicylic acid as the catalyst for the production of flexible polyurethane foams [J]. Bioresources, 2019, 14 (3): 6970-6982.

[14] Lu X Z, Wang Y C, Zhang Y Z, et al. Preparation of bio-polyols by liquefaction of hardwood residue and their application in the modification of polyurethane foams [J]. Journal of Wuhan University of Technology-Material Science Edition, 2016, 31 (4): 918-924.

[15] Jin Y Q, Ruan X M, Cheng X S, et al. Liquefaction of lignin by polyethyleneglycol and glycerol [J]. Bioresource Technology, 2011, 102 (3): 3581-3583.

[16] 曹静，于岩，靳艳巧．高分子材料结构与性能研究型综合实验设计 [J]．实验技术与管理，2021，38 （3）：88-92.

[17] 曹静，靳艳巧，吕秋丰．反应型加工引入高分子材料综合实验的探索与实践 [J]．实验科学与技术，2022，20 （6）：109-114.

附 录

附录一 涂-4 黏度杯使用说明书

本仪器适用于黏度在 150s 以下的涂料产品的黏度测量。本仪器依据国家标准《涂料黏度测定法》（GB/T 1723—1993）的要求制造，是一种便携式仪器，对涂料黏度进行条件测量，即被测液体盛满特定容器后，在标准管孔内流出所需时间来标定液体的黏度，单位为 s。

一、主要技术特性

（1）涂-4 黏度杯为黄铜制，容量约为 100mL，其几何尺寸和光洁度符合 GB/T 1723—1993 的规定，底部为不锈钢质地的流出孔。

（2）K 值。即在设定的温度条件下（如 20℃±0.1℃），用二级标准油注满黏度计后，流完的时间应在 30～100s 范围内，K 值应在 0.97～1.03 以内。

二、结构简要说明

涂-4 黏度杯放置在一个能调节水平的平台上的十字支架上。十字架的横臂附近有圆形水泡，调节平台的水平螺栓使这个水泡居中为止，涂-4 黏度杯放置在横臂的圆环上。

搪瓷杯容量约为 150mL，为承放测液之用。

三、使用步骤

(1) 在测量前或测量后应用纱布蘸溶液将黏度杯擦拭干净，置空气中干燥或用冷风吹干，不允许有残余液体黏附在杯中或流出管孔中，应使杯的内壁和流出孔保持洁净，对光观察要有光洁度。

(2) 试验前，调整底座水平螺钉，使水泡居中。

(3) 将试液搅拌均匀，控制在设定温度下，保持15min后进行测定。

(4) 将试液注入黏度杯的同时用一手指堵住或将开关闭合流出孔，注满后用玻璃棒在杯口刮平液面，将多余液刮入黏度杯边缘凹槽内，放好承接杯。

(5) 将手指放开或开启开关，同时启动秒表，试液流出成线条直到断开时停止秒表，秒表读数即为测得时间，单位为s。

(6) 二次试验，其误差不超过1s。

(7) 每次使用后应用第一条办法加以清洗。

附录二　NDJ-8S 型数显黏度计使用参考资料

一、工作原理及用途

NDJ-8S 型数显黏度计是基于16位高性能单片微处理器技术的智能化仪器，由步进电机根据程序设定以保证准确、平稳地运转，电机运转经扭矩传感器带动转子恒速转动。当转子在被测液体中受到黏滞阻力时，力又反馈到扭矩传感器；再经过相应的内部处理和运算，即可将被测液体的黏度数值显示在屏幕上。

本仪器具有操作快捷简便、测量精度高、转速和温度易于控制、抗干扰性能好，以及工作电压宽 (12V，1A) 等优点。在仪器操作使用方面，本仪器便于用户选择精确的转子和转速来测量液体，广泛应用于溶剂型胶黏剂、乳胶、生化制品、涂料、化妆品以及石化等领域或行业。

二、主要技术指标

测量范围：10～2000mPa·s；测量精度：±2%；转子规格：1～4号，共4个转子（0号转子为选购件）；转子转速 (r/min)：0.1，0.3，0.6，1.5，3，6，12，30，60；外形尺寸 (mm，不包括底座)：95×130×155；净重 (kg，不包括底座)：2。

三、使用环境条件

环境温度5～35℃；相对湿度小于等于80%；电源100～240V AC，12V/1A；产品附近无强电磁干扰，不能有剧烈振动，无腐蚀性气体。

四、仪器结构与安装

（一）仪器结构

NDJ-8S 型数显黏度计结构如附图 1 所示。

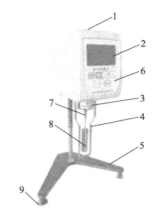

附图 1　NDJ-8S 型数显黏度计结构

1—水准泡；2—液体显示屏；3—外罩；4—转子保护架；5—主机底座；
6—操作键盘；7—转子连接头；8—转子；9—主机底座水平调节旋钮

（二）仪器的安装

（1）从包装箱中取出底座、升降柱和手柄，将支柱旋入底座，将手柄紧固在升降块上。

（2）旋动升降旋钮调整上、下升降的松紧程度，然后将仪器后面 T 形块套进手柄上并紧固（使仪器保持左、右平整）。

（3）调节底座上 3 个水平螺钉，使仪器水平泡处在黑圈中心。

（4）取下仪器下端保护帽。

（5）接上电源。

五、操作使用

（一）日期和时间设置

打开仪器电源开关，仪器会显示日期和时间（约 3s）；3s 过后，仪器自动进入测量状态。在此期间可以按"确认"键直接进入测量状态。如果按"自动搜索"键，可以进入设置日期和时间状态，如：2016-09-07；17:38:30。

这时按"自动搜索"键，进入设置日期和时间状态，再按该键可以循环选择年、月、日、时、分、秒项，被选中的项闪烁显示，然后通过按"上""下"键修改选中的项（长按"上"键可自动加，长按"下"键可自动减）。修改完成后，按"确认"键退出设置状态，这时仪器会显示刚设置的日期和时间（约 3s）；3s 过后，仪器自动进入测量状态。也可在此期间按"确认"键,直接进入测量状态。如果按"自动搜索"键,又可进入设置日期和时间状态。

(二)用户参数设置

按住"确认"键不松开,打开仪器电源开关,这时仪器显示界面如下:

→零位:0.0%;
蜂鸣器:开;
波特率(Baud/s):9600;
语言:中文。

在无闪烁显示参数的情况下,通过按"上""下"键选择要修改的项目,然后按"自动搜索"键,这时仪器闪烁显示要修改的参数。这时可通过按"上""下"键修改选中的参数;修改完毕后,按"确认"键停止闪烁。以下有两种方式可退出设置状态而进入测量状态。

(1)按住"自动搜索"键不松开,约2s后仪器自动退出设置状态,但是修改的参数不保存。

(2)按住"确认"键不松开,约2s后仪器保存修改好的参数,并退出设置状态。

(3)零位显示设置如下。

① 零位显示值设置范围:0.0%~1.0%,例如设置为0.5%;仪器在测量时,如果张角小于等于0.5%,黏度值和张角都显示为零。

② 通过"上""下"键选中零位设置项,按"自动搜索"键,仪器闪烁显示"x.x%;这时按"上""下"键修改零位显示百分比,修改完毕后按"确认"键停止闪烁。

(4)蜂鸣器开关设置如下。通过按"上""下"键选中蜂鸣器设置项,按"自动搜索"键,仪器闪烁显示"x.x"%,这时按"上""下"键可选择"开"或"关";修改后,按"确认"键停止闪烁。

(5)波特率设置如下。通过按"上""下"键选中波特率设置项,按"自动搜索"键,仪器闪烁显示当前的波特率值,这时按"上""下"键可选择需要的波特率值(波特率又称码元速率,单位是Baud/s,表示每秒传输码元符号的数目):1200,2400,4800,9600;修改后,按"确认"键停止闪烁。

(6)语言设置如下。本仪器提供中文和英文两种方式,设置方法和以上步骤设置类似。

(三)黏度值偏差修正

同时按住"上""下"键不松开,打开仪器电源开关,这时仪器显示界面如下:

黏度修正;
1号转子:转速6;
→cP_0:xx.x%;
cP_x:xx.x%。

黏度修正的百分数范围为±12.5%,cP_0是仪器空转时的张角百分数,cP_x是被测液体黏度值偏差百分数。例如,被测液体实际黏度值是376.2mPa·s,1号转子在6r/min转速下,仪器测试值为360mPa·s,那么测试误差为(360−376.2)/360=−4.5%,这时就把cP_x的值修改为−4.5%。如果仪器测试值为390mPa·s,则测试误差为:(390−376.2)/390=3.5%,这时就把相应的cP_x值修改为3.5%。修改cP_0、cP_x的步骤如下。

（1）选择和测试时一样的转子、转速。

（2）按"下"键，循环选择需要修改的项，即选择 cP_0 还是 cP_x。

（3）按"自动搜索"键，可循环选择要修改参数的十分位、个位，并且被选中的位闪烁提示。例如，cP_x 的值为 10.5% 时，第一次按"自动搜索"键，数字 5 在闪烁显示，即该位被选中；再次按该键，数字 0 在闪烁，表示该位被选中。

（4）按"上""下"键，可以修改由"自动搜索"键选中的位。

（5）当修改到需要的值后，按"确认"键，停止闪烁显示。

（6）退出黏度修正状态有如下两种方式。

① 长按"自动搜索"键不松开 2s 左右，仪器自动退出黏度修正状态，但所修改的参数不保存。

② 长按"确认"键不松开 2s 左右，仪器自动退出黏度修正状态，并保存所修改的参数。

当被测液体黏度值偏差 cP_x 修正完毕后，返回仪器测量状态，测试仪器空转状态下的张角百分数；如果其不为零，就将该张角百分数输入 cP_0 里。

（7）准备好被测试样，倒入直径不小于 60mm 的烧杯或平底容器中。因温度的波动会直接影响黏度，故应控制被测液体的温度。

（8）将仪器保护架（T形）逆向旋入仪器下端接头上。

（9）将选好使用的转子放入仪器方向接头上（逆时针旋入）。注意：装转子时必须微微向上托起方向接头，防止损坏仪器轴尖。

（10）旋转升降按钮使转子缓慢浸入被测液体，直至转子液体标志（杆上的凹槽或刻线）和液面平齐。

（11）再次调整好仪器水平。

（12）注意：试样测试时的温度必须稳定，以保证温度显示值准确。

六、面板操作

开启仪器背面电源开关，进入等待状态。这时面板显示如下信息：

S1　　V6　　　T……℃

%……cP　　　000000

如果使用 1 号转子、转速为 6r/min 时，即可直接按面板启动键进入测量状态；待显示值稳定后，换取 cP 的显示值即可（如果黏度比较低，转子约转 3~5 圈；黏度较大时，则转子约转 1~2 圈，读数便保持稳定）。如果选择的不是默认的 S1 和 V6，可按"转子、转速选择"键进入选择状态，并按"确认"键确认，设定好后再按启动键进入测量状态。其中，转子（0 号转子为选购件）S0~S4，以及转速 V0.1、V0.3、V0.6、V1.5、V3、V6、V12、V30、V60 均循环滚动显示。相关符号说明如下：

S：表示转子号，S1 即为 1 号转子（开机默认值）；

V：表示转速，V6 即为 6r/min（开机默认值）；

T……℃：温度显示；

%……：测量值与满量值的百分比；

cP：黏度值（mPa·s，1mPa·s=1cP）。

　　试举例如下。如果被测液体的黏度估计为 3000mPa·s，可选择下列组合：S2，V6；S3，V30。转子与转速（转速以"转"表示）的组合所对应的黏度范围，可参考附表 1。

附表 1　转子与转速的组合所对应的黏度范围　　　　　　　单位：mPa·s

转速	不同转子对应的黏度				
	0 号	1 号	2 号	3 号	4 号
0.1 转	6000	60000	300000	1200000	6000000
0.3 转	2000	20000	100000	400000	2000000
0.6 转	1000	10000	50000	200000	1000000
1.5 转	400	4000	20000	80000	400000
3 转	200	2000	10000	40000	200000
6 转	100	1000	5000	20000	100000
12 转	50	500	2500	10000	50000
30 转	20	200	1000	4000	20000
60 转	10	100	500	2000	10000

七、注意事项

　　（1）本仪器常温下工作时，被测试样的温度波动应在±0.1℃内；否则，会严重影响测量的准确度。

　　（2）应关注测量值和满量值的百分比数值：当显示的数值过高或过低时，应变换转子或转速，使该数值处于 15%～85%之间为佳；否则，会影响测量精度。

　　（3）仪器需在规定的电压和频率允许的范围内使用；否则，会影响测量精度。

　　（4）装卸转子应小心操作，将方向连接头微微向上抬起，不可用力过大。

　　（5）使用后转子与方向接头应保持清洁。

　　（6）仪器下降时应用手托住，避免振动损坏轴尖。

　　（7）仪器搬动或运输时，方向连接头应套上保护帽。

　　（8）悬浊液、乳浊液、高聚物以及其他高黏度液体很多都是非牛顿液体，其表观黏度值随着切变速率和时间的变化而变化。故在不同的转子、转速和时间下测定时，若其结果不一致属于正常情况，并非仪器测试存在问题。

　　（9）做到以下几点，能得到比较准确的数据：

　　a. 精确控制被测液体的温度；

　　b. 保持环境温度均匀；

　　c. 转子和被测液体须同时进行恒温，使其温度保持一致；

　　d. 低黏度液体，一般采用较大转子、较高转速；高黏度液体一般采用较小转子、较低转速；

　　e. 保持转子表面清洁。